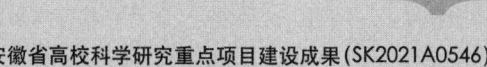

安徽省高校科学研究重点项目建设成果(SK2021A0546)
淮南师范学院学术专著出版基金资助

煤矿瓦斯赋存机理
及智能预警研究

袁 媛 著

中国科学技术大学出版社

内 容 简 介

本书以煤的孔隙结构研究为切入点,着力研究煤的瓦斯赋存特征及其影响因素对突出风险的作用机理,系统地分析了不同煤阶煤样的孔裂隙发育规律并进行了分形研究,探索了煤的变质程度、工业组分、孔径分布、分形维数等内在因素及压力、温度等外在因素对煤的瓦斯吸附、解吸特性的影响,利用安全科学理论,建立了包含瓦斯赋存—致灾条件—风险事故—预警技术的安全评价指标系统,构建了具有自学习、自纠错、自反馈功能的深度学习型人工智能预警系统,实现了灾变模拟的可预测和预警级别的可查询等。本书的出版将拓宽低瓦斯矿井突出风险事故致因因素的研究视角,推动煤矿瓦斯赋存理论的发展,促进煤矿瓦斯突出风险智能预警的研究。

本书适合煤矿安全管理、风险防治与预警、人工智能管理等领域的研究人员和工程技术人员阅读。

图书在版编目(CIP)数据

煤矿瓦斯赋存机理及智能预警研究/袁媛著. —合肥:中国科学技术大学出版社,2022.12

ISBN 978-7-312-05534-8

Ⅰ.煤… Ⅱ.袁… Ⅲ.煤矿—瓦斯赋存—研究 Ⅳ.TD712

中国版本图书馆 CIP 数据核字(2022)第 175983 号

煤矿瓦斯赋存机理及智能预警研究

MEIKUANG WASI FUCUN JILI JI ZHINENG YUJING YANJIU

出版	中国科学技术大学出版社
	安徽省合肥市金寨路 96 号,230026
	http://press. ustc. edu. cn
	http://zgkxjsdxcbs. tmall. com
印刷	安徽国文彩印有限公司
发行	中国科学技术大学出版社
开本	710 mm×1000 mm 1/16
印张	10. 25
字数	178 千
版次	2022 年 12 月第 1 版
印次	2022 年 12 月第 1 次印刷
定价	55. 00 元

前　言

　　煤炭是我国的支柱性能源材料。煤赋存瓦斯是瓦斯突出风险事故发生的物质基础,煤的瓦斯赋存能力失衡是瓦斯风险事故发生的直接原因。风险事故严重威胁智慧化矿山建设,如何有效应对此类风险成为自然科学研究的重点课题。基于微观结构特征研究煤矿瓦斯赋存机理对瓦斯风险的精准判识和智能预警具有重要的理论意义和实践价值。

　　本书以煤的孔隙结构研究为切入点,着力讨论煤的瓦斯赋存特征对瓦斯赋存能力的影响程度和影响机制,并采用实验室试验的方法,系统地分析了不同煤阶煤样的孔裂隙发育规律,对此进行了分形表征,探索了煤的工业组分、变质程度、孔径分布、分形维数等内在因素及压力、温度等外部因素对煤的瓦斯吸附、解吸特性的影响,构建了煤的瓦斯赋存影响因素灰色分析模型,设计了瓦斯突出风险深度学习型智能预警系统。本书的研究为智能预警提供了必要的理论支撑,主要研究成果如下:

　　(1) 系统揭示了不同变质程度煤的孔径分布、比表面积、孔体积、孔隙结构类型、孔连通性及分形维数的分布规律。研究发现:微孔对比表面积贡献率最大,大孔及裂隙对孔体积贡献率最大。随着煤阶的增高,平均孔径逐渐减小,孔体积逐渐减小,孔隙连通性逐渐变差。不同表层特征的煤具有不同的孔隙结构类型,中阶暗淡型煤的孔隙结构以两端开放的圆筒形孔为主,中阶暗淡间亮型煤的孔隙结构以小孔和粗颈墨水瓶状微孔为主,高阶间亮型煤的孔隙结构以细颈墨水瓶状微孔为主,高阶光亮型煤的孔隙结构以圆筒形微孔和尖劈形微孔为主。创新性地使用了栅栏法对孔隙分形维数进行区间评价,发现中高阶煤的微孔孔隙分形维数高于中小孔的孔隙分形维数,高阶煤的微孔分形程度最高。

(2) 科学探索了煤孔隙结构中瓦斯赋存机理,通过对不同变质程度的煤样微观孔隙结构的定量分析,运用微孔填充理论、单分子层吸附理论和多分子层吸附理论,研究煤中瓦斯极限吸附平衡状态,建立表征煤样瓦斯吸附能力的量化方法,获得瓦斯气体分子在煤储层不同尺度孔隙结构中的赋存特征。研究表明:瓦斯气体分子在煤孔隙结构的赋存方式以吸附态为主;吸附态赋存中又以微孔填充方式为主,多分子层吸附方式为辅,并存在一定量的单分子层吸附方式。

(3) 细致研究了煤的工业组分、变质程度、孔隙特征、分形维数等内在因素及压力、温度等外部因素对煤的瓦斯赋存特性的影响。研究发现:煤样的固定碳含量、变质程度、总比表面积、微孔比表面积、微孔分形维数、压力的变化方向和煤样瓦斯极限赋存量变化方向呈正向相关关系,煤样的灰分含量、挥发分含量、水分含量、温度、粒径变化方向和煤样瓦斯极限赋存量变化方向呈反向相关关系。采用适用于小样本贫信息系统的灰色关联法对各因素影响效果进行数学建模计算,各因素和极限吸附量的关联系数按值的大小顺序排列。

根据理论研究成果,采用人工智能的设计方法,构建了煤矿瓦斯突出风险深度学习型智能预警系统。类神经处理单元使智能 BP 人工神经网络模型具有自学习、自训练、自纠错的显著优点。引入动量因子和采用批量处理方法对模型进行算法优化,利用灰色关联分析法得到关键影响因素对模型进行指标优化。双重优化后,将通过实地测选获取的煤矿瓦斯赋存特征数据和瓦斯突出风险致因数据分别输入智能预警系统。深度学习型智能预警系统能够根据样本数据进行智能学习和训练,运行结果证明,使用瓦斯赋存特征数据作为输入层指标和使用瓦斯突出风险致因数据作为输入层指标的两个突出风险预警系统具有近似的预警正确率和预警完成时间,成功验证了瓦斯赋存特征指标系统可以作为突出风险预警的有益衡量技术。

　　本书为煤矿瓦斯突出风险智能预警提供了一种新的研究思路和预警方法,能够在瓦斯突出风险致因数据缺失的情况下,利用实验实测数据完成对煤矿瓦斯突出风险的智能预警;将推动煤矿瓦斯赋存理论的发展,有利于丰富煤矿瓦斯突出风险机理的研究,促进智慧矿山智能预警系统的构建,改善现代煤矿安全生产的现状。

袁　媛

2022 年 6 月

目　录

第 1 章 绪 论

1.1 研 究 背 景

1.1.1 煤炭在我国能源结构中占主体地位

我国能源结构的典型特征是"富煤贫油",煤炭在一次能源构成中长期占据主导地位。国家统计局发布的数据显示,我国 2019 年能源消耗总量相比 2018 年上涨 3.3%,其中,全国煤炭消费量约为 28.04 亿吨标准煤,消费量同比增长 1.0%,煤炭产品消费量占据能源消费总量的 57.7%,相比 2018 年消费占比下降了 1.5%。[1]由中国 2010—2019 年全国煤炭消费总量及占能源消费总量比重图(图 1.1)的折线发展趋势可知,受国家绿色能源发展计划和环保政策影响,煤炭消费占比有逐年下降趋势。

2019 年,我国原煤总产量为 38.5 亿吨,同比增长了 4.0%。[2]但由趋势折线图(图 1.2)可见增长速度回落,业界认为这是受结构化去产能政策影响。《我国煤炭资源高效回收及节能战略研究》一书中预测,2030 年、2050 年我国煤炭产能分别会达到 40 亿吨标准煤和 34 亿吨标准煤。[3]可见,受国家资源赋存特征影响和国民经济发展推动,煤炭能源在将来相当长的一段时间内仍会在保障我国能源安全中起奠基性作用。

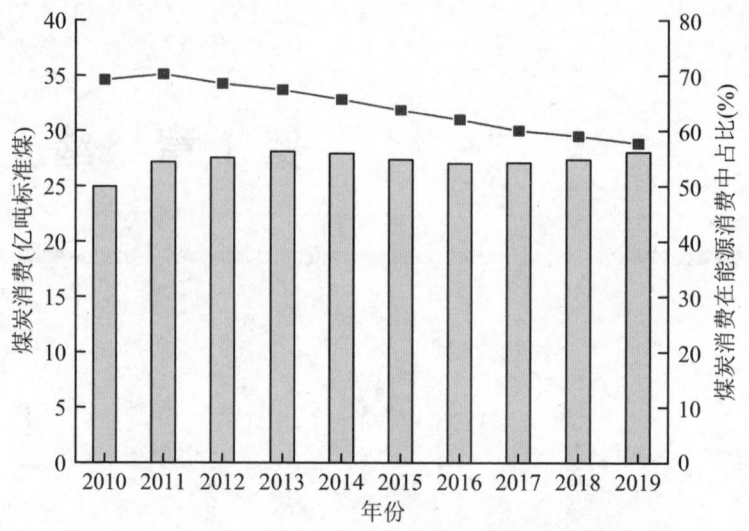

图 1.1 2010—2019 年全国煤炭消费量及煤炭消费在能源消费中占比

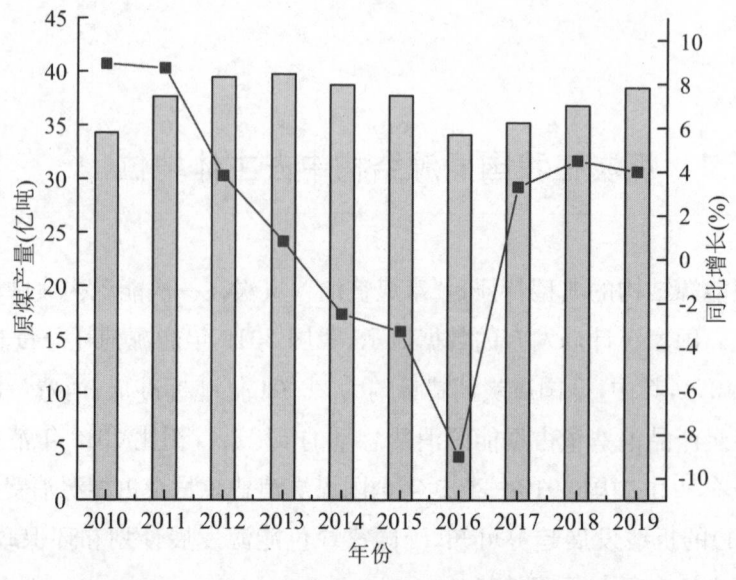

图 1.2 2010—2019 年全国原煤产量及同比增长率

1.1.2 煤与瓦斯突出风险灾害严重危害我国煤炭矿井安全生产

现今发展中国家中的煤炭产销大国,如印度、波兰、南非等的煤炭百万吨死亡率均控制在 0.1 以下,而我国 2018 年煤炭百万吨死亡率为 0.093。这一年是我国年百万吨死亡率首次降到 0.1 以下的年份,至此仅达到世界产煤中等发达国家水平。[4] 2019 年我国煤炭百万吨死亡率继续下降 10.8%,为 0.083(图 1.3)。发达国家中的煤炭产销大国,如美国、澳大利亚的煤炭百万吨死亡率分别控制在 0.03 和 0.05 以下。[5] 中国和发达国家的煤炭安全生产效率之间仍存在较大差距。①

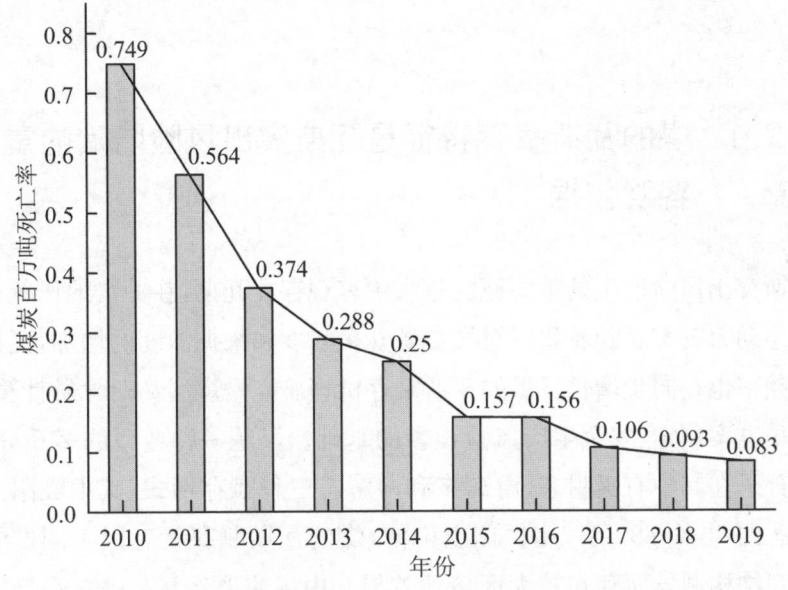

图 1.3 2010—2019 年中国煤炭百万吨死亡率统计

我国七成煤炭生产场所及在建矿井为高瓦斯矿井,煤与瓦斯突出风险防治压力极大。历年已发生煤与瓦斯突出事故逾 2 万次。[6] 2019 年虽煤矿事故和死亡人数的绝对数较往年有所下降,但较大以上事故发生次数有所反弹,较大和

---

① 2020 年我国煤矿百万吨死亡率已降至 0.044,进一步缩小了与发达国家的差距。

重大事故数比 2018 年同期增加 6 起,造成的死亡人数增加 54 人。此外,2019 全年共发生 27 起瓦斯突出事故,其中有 11 起的发生地为低瓦斯矿井,3 起重大煤与瓦斯突出爆炸事故也全部发生在低瓦斯矿井。[7]煤与瓦斯突出事故以其巨大的危害性、发生过程的不可控性和发生机理的不明确性,给我国煤矿的安全生产和健康发展带来了严峻挑战。

我国高度重视煤与瓦斯突出风险这一重大危险源,国家煤矿安全监察局(现国家矿山安全监察局)于 2019 年 7 月 16 日发布《防治煤与瓦斯突出细则》,并规定于 2019 年 10 月 1 日正式实施。

1.2 研究目的和意义

1.2.1 煤的瓦斯赋存特征是瓦斯突出风险防治的重要客观依据

瓦斯突出风险产生的重要原因是煤中客观存在瓦斯,在冲击地压等触发条件下发生动力灾害。随着我国煤炭资源开采强度和采掘深度的增加,瓦斯突出强度和频率也在同步增长。煤的瓦斯赋存机理研究是煤层瓦斯含量计算、煤层瓦斯抽采方案制定、安全生产风险预警的基础。煤是一种典型的多孔介质,瓦斯气体分子在其中有吸附态、游离态和溶解态三种赋存形式,其中吸附态占总赋存形态的 80%~90%。中国国土广博,煤的瓦斯赋存状态因不同产煤区内煤的微观结构迥异而存在较大区域性差异。中国主要经济带——东部沿海地带和中部地带对煤炭资源的需求量最为旺盛,这部分经济带的煤炭产地主要位于华北聚煤区和华南聚煤区,这些地区煤阶变化较大,煤的孔隙结构形态多样。具体孔隙结构特征是评判煤的瓦斯赋存有无导致突出风险的可能和风险等级的客观基础,也决定了矿井中具体煤层的瓦斯吸附、解吸、扩展、渗透等物理特性。抛离煤的微观孔隙结构和煤的瓦斯赋存机理去研究和制定瓦斯突出风险防控措施或瓦斯突出风险预警技术是脱离本质事实依据的。

1.2.2 瓦斯突出风险智能预警系统是智慧化矿井安全 生产系统的必要子系统

中国能源局势正面临新一轮变革,国家要求的少人化安全生产、无人化智能生产迫使煤炭企业走跨越式生产模式转变道路,即从劳动密集型生产企业转变为智慧化生产企业。"互联网+智能化"双驱动式发展将给煤炭产业带来新的发展动力。国家发展改革委于 2020 年 2 月 25 日发布了《关于加快煤矿智能化发展的指导意见》,要求到 2025 年大型煤矿和灾害严重煤矿基本实现智能化,且 2030 年各类煤矿基本实现智能化。[8]瓦斯动力灾害作为煤炭矿井灾害中最严重的安全危害,它的智能识别和预警处理是智慧化矿井安全生产系统的重要且必要组成部分。煤与瓦斯突出灾害具有突然、急遽、破坏性大的特点,且容易引起连锁次生反应。瓦斯的赋存是复杂的非线性问题,依赖现有的监测设备去判定突出程度,既不能排除机械故障造成的误差,在时效控制上也具有滞后性,违反突出治理的超前防治、预先治理准则。通过现代评判预警方法可以充分挖掘瓦斯动力灾害的物理场耦合作用因素,通过构建风险预警模型可以进行多场景数字仿真模拟,将分析方法和预警模型综合使用,可有效避免人为判断中的主观武断,有效实现从传统的经验指导下的定性处理向智能化的定量控制的转变。推广实践将有助于煤层瓦斯赋存导致突出风险的识别和预警。

1.3 国内外研究综评

1.3.1 煤的孔隙结构特征研究综评

煤的微观结构包含煤的微观化学结构和煤的微观物理结构。[9]对瓦斯赋存研究来说,煤的微观孔隙结构特征研究尤为重要。煤是一种典型的多孔网络结构材料,内部由相互贯通或各自封闭的孔结构组成,瓦斯在孔结构中主要以吸附态存在,煤中孔的类型、形状、孔径大小、孔隙体积、孔隙比表面积和孔隙的内部形态特征共同决定瓦斯的赋存量大小和外力作用下瓦斯的赋存失衡难度。

研究者使用不同方法分析煤与瓦斯的相互作用。聂百胜等(2018)采用液氮吸附法、SEM法和小角X射线法共同研究复杂发育的煤炭微观结构中瓦斯的吸附机理和扩散规律,得出吸附集中在2～10 nm孔径范围的孔,扩散与压强成正相关关系。[10]宋晓夏等(2013)采用CT显微技术进行测试,运用三维建模方法对原煤和构造煤进行分析,发现构造应力对扩散的促进作用是通过对孔容、比表面积、孔隙度和最大连通度共同作用达到的。[11]程远平与潘哲君(2020)将中国构造煤的大量研究文献进行汇总并与原煤的分析进行对比,研究方法为气体吸附法和流体注入法,研究对象为不同变质程度和变形程度的煤孔容和煤孔比表面积,研究发现构造煤的比表面积和总孔体积一般都比原煤大,但由于变质作用和构造作用的共同影响,小孔孔隙的总孔体积和比表面积没有明显差异,构造煤无论是在瓦斯赋存能力还是瓦斯扩散能力上均高于原煤,中国的瓦斯突出事故多发于构造煤层。[12]

ISO 15091标准将孔定义为固体内的空腔或通道,或者是压制体或团聚物的固体颗粒间的空间。[13]孔的类型按连通程度可分为开孔和闭孔。开孔是与外界连通的空腔和孔道,包括交联孔、通孔和盲孔;闭孔是与外表面不相通且流体不能渗入的孔。[14]开孔和闭孔不是绝对的,譬如冲击地压造成的煤层破碎会使闭孔转化为开孔。实际中孔隙结构复杂,由不同类型的孔构成,按形状特征可将孔的类型分为五类,即筒状型孔,又称圆柱形孔;锥形孔,又称楔形孔或棱锥形孔;墨水瓶孔;裂隙孔;孔隙或裂缝。[15]

国际纯粹与应用化学联合会(IUPAC,1985)将孔径(又称孔直径或孔宽)定义为两个相对孔壁之间的距离。[16]孔大小的分类与孔径尺寸直接相关,不同研究学者基于自身对孔特征的研究方向给出不同的分类方法,其中具有代表性的分类方法如表1.1所示。[17-20]

表 1.1 典型孔径分类方法

霍多特 (Hodot) (1966)	杜比宁 (Dubinin) (1966)	加恩 (H. Gan) (1972)	抚顺煤研所 (1985)	秦勇 (1995)	琚宜生 (2005)	IUPAC (2015)
裂隙 >100000 nm	大孔 >20 nm	粗孔 >30 nm	大孔 >100 nm	大孔 >450 nm	超大孔 >20000 nm	大孔 >50 nm
大孔 >1000 nm				中孔 50~450 nm	大孔 5000~20000 nm	介孔 2~50 nm
中孔 100~1000 nm	过渡孔 2~20 nm	过渡孔 2~50 nm	过渡孔 8~100 nm		中孔 100~5000 nm	介孔 2~50 nm
小孔 10~100 nm				过渡孔 15~50 nm	过渡孔 15~100 nm	极微孔 0.7~2 nm
微孔 <10 nm	微孔 <2 nm	微孔 <1.2 nm	微孔 <8 nm	微孔 <15 nm	微孔 <15 nm	超微孔 <0.7 nm

在煤的孔隙结构的研究中,由于煤具有高度非均质性且内部表征难以探明,对其吸附、解吸、储存和扩散难以定量化去表述清晰,因此寻找合适参数对煤的非均质性结构进行分析十分重要,伯努瓦·曼德勃罗(B. B. Manderbrot)提出分形(fractal)概念后[21],分形被极大运用到煤的微观孔隙结构表征上。在中国知网(CNKI)检索输入"煤"和"分形"为关键词检索,有 881 条近 5 年的检索结果,其中学位论文 246 篇,博士学位论文 46 篇。傅雪海等(2001)采集了中国 146 项煤样,采用压汞实验对煤的孔容、孔比表面积和孔内部特征进行研究,将孔径 65 nm 作为分界,划归为扩散孔隙和渗透孔隙两类,分别分析孔隙裂隙发育程度、孔的分形维数及其相互关系。[22]彭诚等(2017)通过低温液氮实验和压汞实验分析沁水盆地 20 个煤样,发现计算模型不同得到的分形维数虽有差异,但都说明高孔隙结构吸附孔分形维数与小孔隙相关,渗流孔分形维数与介孔和大孔相关。[23]徐欣等(2018)通过压汞试验新建分形方法,研究认为煤岩在孔隙整体上均具有分形特征,分形维数是煤层非均值性的有效数量表达,分形维数越大,非均质性越大,煤的物性越差。[24]周伟等(2020)在固气耦合测试系统中发现煤中裂缝分形维数随吸附量的增加而增加。[25]

1.3.2 煤的瓦斯吸附解吸机理研究综评

煤的孔隙结构特征参数和分形维数的研究都是探寻煤对瓦斯赋存机理的有力工具。煤层瓦斯组成复杂,约有 20 种组分,其中主要成分是甲烷及其同系物和二氧化碳,当煤层赋存深度大于瓦斯风化带深度时,煤层瓦斯的构成中百分之八十以上是甲烷。[26]煤层瓦斯的赋存状态主要为吸附态。[27]通常吸附态瓦斯量占煤层赋存瓦斯总量的八至九成,游离态瓦斯量占煤层赋存瓦斯总量的一至两成。[28]游离态瓦斯以自由气体形式存在于较大孔径的孔隙内,吸附瓦斯以煤体表层和孔隙表面吸附的瓦斯为主体。吸附态和游离态不是固定不变的,在一定条件的触发下会转化状态。近藤精一等(2006)详细定义了吸附概念、吸附原理,以及固气吸附、气相吸附、液相吸附的测量方法和研究方法,标志着吸附科学的正式形成。[29]研究吸附解吸作用机理的理论计算模型归纳如表 1.2 所示。[30-39]

研究者将吸附科学与煤微观孔隙结构相联系,周世宁等(2007)根据含瓦斯煤岩的空隙结构特征设计了煤岩破裂过程固气耦合模型。[40]洪林等(2018)通过低温液氮吸附实验和杜比宁-拉杜什科维奇(Dubinin-Radushkevich,D-R)方程分析,相对压力 0.01 为微孔填充与多分子吸附分界点,发现瓦斯会填充 48% 微孔体积,解吸时会产生 30.38 MPa 的压力从而引发气体释放,为瓦斯突出提供动力。[41]杨鑫等(2019)采集典型矿区煤样,研究得出双孔扩散模型比单孔扩散模型在解释煤样瓦斯吸附解吸全过程中具有更好描述度的结论。[42]程远平等(2020)运用二氧化碳吸附法和低温液氮吸附法测试不同变质程度煤样,得到结论为:孔径范围为 0.38～1.50 nm 的微孔的吸附性能受孔容限制,孔径大于 1.50 nm 的孔的吸附性能受孔隙表面积的控制。[43]薛生等(2020)通过对煤体微观结构的解析提出煤体结构的耦合渗流模型,为瓦斯防突治理提供了数理基础。[44]

表1.2 主要吸附理论方程式

计算模型名称	计算表达式	适用条件
亨利(Henry)吸附式	$M=kp$	吸附量 M 和平衡压力 p 满足过原点的线性关系
弗罗因德利希(Freund-dlich)吸附式	$M=kp^{\frac{1}{n}}$	Henry 吸附式的扩展式 K 和 n 由吸附剂和吸附质决定
朗格缪尔(Langmiur)理论	$\dfrac{p}{A}=\dfrac{1}{ab}+\dfrac{p}{b}$	单分子层吸附
BET 理论[①]	$V=\dfrac{v_m c p}{(p_0-p)[1+(c-1)(p/p_0)]}$	多分子层吸附
波拉尼(Polanyi)吸附理论	$\varepsilon=RT\ln\left(\dfrac{p_0}{p}\right)$	物理吸附
弗伦克尔-哈尔西-希尔(Frenkel-Halsey-Hill)吸附理论	$\dfrac{p}{p_0}=\exp\left[\dfrac{-a}{RT\theta^\gamma}\right]$	多分子层间范德华力吸附
开尔文(Kelvin)公式	$\ln\left(\dfrac{p}{p_0}\right)=2v_m\dfrac{r}{RT_\rho}$	毛细管凝聚

综上所述,多种因素对煤的瓦斯赋存产生作用,作用机理尚未完全明确,目前的使用方法和模型能够实现趋近研究。总结前人研究成果,煤的瓦斯赋存能力与总孔容、总比表面积、微孔比表面积呈正比例关系,与大孔的结构特征表征无明显相关关系。煤的破坏程度和变质程度对相关关系系数有影响。温度的升高会影响煤对瓦斯的赋存量。水分对煤层瓦斯赋存量的影响表现在竞争吸附关系中。煤的化学结构对煤中瓦斯赋存量也有影响,但作用机制更为复杂。

1.3.3 瓦斯突出风险识别与预警研究综评

煤层瓦斯突出风险智能预警是数字化矿井安全生产系统的重要组成部分。正确认识风险发生原因是智能预警的第一个步骤。高雷阜(2006)提出动态反演假说,从动力演化过程中提取各种指标,按时间序列重构不断变化的指标,将

---

① BET 理论,即多分子层吸附理论,以它的三位提出者布诺瑙尔(Stephen Brunauer)、爱默特(Paul Emmett)和泰勒(Edward Teller)的姓氏首字母组合命名。

预测值与实际值对比确定模型的正确性。[45]潘孝康等(2020)研发实验系统并基于实验结果定量分析煤在不同瓦斯压力和应力条件下的破坏特征和突出机理。[46]杨磊等(2020)采用三轴煤与瓦斯突出模拟系统,用 He、N_2 和 CO_2 进行了模拟实验,并评估瓦斯解吸对突出发展的影响。结果表明,突出能量受突出压力、突出强度、喷出距离、喷出煤粒径等因素的影响,气体解吸在进行控制试验时表现出最大的影响。[47]

瓦斯突出机理在研究历程上历经了两个阶段:一是单指标假说阶段,代表思想有瓦斯主导性假说、地应力主导性假说、化学本质主导性假说;二是综合共同作用假说阶段。近期的研究多数支持煤层瓦斯突出综合作用假说。具体情况说明如表 1.3 所示。[48-49]

表 1.3　瓦斯突出风险假说列表

名称	代表人物	观点	发展分支
瓦斯主导性假说	苏联的沙留金、克里切夫斯基、阿莫索夫、舍尔巴尼、尼柯林;德国的克歇尔	煤本质结构和瓦斯赋存起主导作用	"瓦斯包"假说;缝隙堵塞假说;煤孔隙结构不均匀假说;闭合孔隙瓦斯释放假说;瓦斯解吸假说;瓦斯膨胀假说
地应力主导性假说	日本的桥本清、矢野贞三;苏联的别洛夫、卡尔波夫、包利生科	高地应力和高采动应力起主导作用	放炮突出假说;应力叠加假说;应力集中假说;冲击式移动说;振动波说
化学本质主导性假说	苏联的库兹涅佐夫、巴利维列夫、马柯贡、克留金、萨夫琴柯	化学作用形成甲烷起主导作用	煤爆炸假说;瓦斯水化物说;地球化学说;硝基化合物说
综合共同作用假说	苏联的霍多特、包布洛夫、彼图霍夫;法国的耿代尔;日本的矶部俊郎	瓦斯、应力、煤体相互影响共同作用	能量假说;动力效应说;瓦斯放散说;游离瓦斯说;破坏区说;应力不均说;分层分离说

综合以上瓦斯突出风险假说相关研究可发现,瓦斯突出事故是巨系统多因素共同作用的结果。对于煤炭企业来说,如何发现瓦斯风险征兆并预警控制危害是保障安全生产的关键。研读采煤学、地质学、安全学关于瓦斯突出事故发生机理的相关研究可发现,它们多数将其归结为单指标主导或多项因素协同作用的结果,但这种结果无法解释瓦斯突出事故存在区域性差异的问题,也无法解释低瓦斯矿井发生重大瓦斯突出灾害事件的原因。

综合评判方法擅长运用科学方法论从多因素巨系统中抽取关键因素,构建有实践应用价值的智能风险预警模型,对瓦斯突出风险识别、预警和防治有积极效用。现今受认可度较高的综合评判方法简列如表 1.4 所示。

表 1.4 综合分析方法及应用原理

方法	发明者	原理及应用
层次分析法（AHP）	美国运筹学家塞蒂（T. L. Satty）提出的多准则决策方法	将需决策问题的有关元素分解为目标、准则、方案等层次，用一定标度对人的主观判断进行客观量化，在此基础上进行定性和定量分析的一种决策方法
模糊综合评判法（FUZZY）	美国自动控制专家扎德（L. A. Zadeh）提出	以模糊数学为基础，应用模糊关系合成的原理，将一些边界不清、不易定量的因素定量化，结合多个因素对被评价事物隶属等级状况进行综合性评价的一种方法
数据包络分析法（DEA）	运筹学家查恩斯（A. Charnes）和科珀（W. W. Copper）提出	应用数学规划模型计算比较决策单元之间的相对效率，可以对同一类型各决策单元的相对有效性作出评价和排序，还可以分析决策单元非有效性的原因
人工神经网络分析法（ANN）	神经元解剖学家麦卡洛克（W. McCulloch）和数学家皮茨（Pitts）共同提出	模拟人脑结构把大量神经元组成复杂网络，利用已知样本对网络进行训练，类似人脑学习过程；让网络存储变量间形成非线性关系，类似人脑记忆过程；最后使用存储的模型对未知样本进行评价，类似人脑联想功能
灰色关联分析法（GRAY）	中国决策学家邓聚龙提出	从信息的非完备性出发研究和处理复杂系统内在规律性联系的科学方法，利用各指标与最优指标关联程度的大小对评价对象进行比较、排序，进而求解问题的方法

杨力（2011）针对矿井瓦斯突出事件小样本贫信息系统特点，应用灰色关联分析法选择突出风险评价指标，运用神经网络模型进行风险评价，提出了改进神经网络模型训练样本的方法。[50]陈中汉（2019）统计分析寺家庄矿 20 次煤与瓦斯突出的影响因素，用关联规则对瓦斯突出关键因素进行挖掘，应用 HS 算法对反向传播（BP）神经网络模型进行改进，并在现场生产中实践检验得到了评价准确性 93.33% 的结果。[51]刘海波等（2020）在灰色关联分析算法中加入熵权算法，针对瓦斯突出影响因素进行分析，得到各影响因素的合理权重和相关排序，将主控因素输入改进粒子群预算-最小二乘支持向量机（IPSO-LSSVM）预测模型，对实践工作面瓦斯突出预警精度为 92%。[52]汝彦冬等（2020）提出利用相关系数来实时完成瓦斯突出风险中缺失数据的填充，使用拉依达（Pauta）准则进行异常数据的识别，采用随机森林模型实现预测。该模型能够在数据缺失和数据值异常的情况下实时完成煤与瓦斯突出的预测。[53]但从文献中可见，他们构建的模型所采用的多是他人已研究发表的指标体系，缺乏系统性研究过程。

1.3.4　存在问题分析

综合国内外相关研究文献可见,目前对煤的孔隙结构、煤的瓦斯吸附脱附机理和瓦斯突出风险的研究成果众多,但针对煤的瓦斯赋存的微观机理、在赋存失衡条件下发生瓦斯突出风险的科学分析及智能预警结果罕见于文献。对煤层瓦斯赋存状态的探讨常见于地质学科研究,煤与瓦斯突出过程分析及防控常见于安全学科研究,突出危险性评判及预警常见于管理学科研究。事实上,生产实践中的煤层瓦斯赋存风险评判与预警是一个复杂的系统工程,需要使用系统工程科学的方法加以深入研究和解析。基于风险发生的客观基础本质,对瓦斯突出风险的精准判识和智能预警是十分必要且重要的。

1.4　主要研究内容、方法和技术路线

本书根据煤微观孔隙结构特征进行煤的瓦斯赋存特征研究,通过实验研究和数理分析,掌握煤的瓦斯赋存的主要方式、主要场所、主要形态及其影响因素,使用灰色关联分析法深入分析各因素对煤的瓦斯赋存能力的影响作用并进行重要性排序,应用双重优化的深度学习型智能预警技术方法对煤层瓦斯突出风险进行精准判识和智能预警。

1.4.1　主要研究内容

全书共由 6 章组成,拟研究内容简述如下:

第 1 章主要对研究背景、研究目的、研究意义、研究现状、研究内容、研究方法进行综述。学习评述已有相关研究论文,研学文献主要涉及煤的孔径结构分布及孔隙结构分布,煤的瓦斯吸附解吸机理,瓦斯突出风险假设,灰色系统关联

度分析和智能分析模型构建等方面。本书在已有研究的基础上，基于微观孔隙结构研究煤的瓦斯赋存特征，用以实现预警煤层瓦斯突出风险的目标。针对拟解决问题提出研究的主要内容和实现的技术路线。

第 2 章主要对煤的微观孔隙结构特征进行分析。通过仪器测试测得煤样的基本参数后，对 4 种煤样分组进行压汞实验和液氮吸附实验。通过压汞实验数据分析煤样的孔隙结构分类及分布；通过液氮吸附实验数据分析煤样的孔隙结构形状、孔径大小分布和孔隙连通程度。分别利用两种不同的实验方法测试煤样的孔体积、孔比表面积和孔分形维数，通过实验测试数据掌握中高阶煤的孔隙结构特征。

第 3 章主要探究煤的瓦斯赋存机理。研学瓦斯赋存机理研究相关文献，发现煤的瓦斯赋存机理研究存在赋存方式不明晰和赋存状态不明确的问题。采用标准状态下煤样瓦斯吸附脱附实验数据，分析煤的瓦斯赋存能力的数理表征，联合第 2 章中煤样孔隙结构特征相关参数研究煤的瓦斯赋存机理。

第 4 章主要分析煤的瓦斯赋存能力影响因素。通过不同因素影响下煤的瓦斯吸附实验分别研究煤的固定碳含量、灰分、挥发分、水分、变质程度、孔径分布、分形维数、温度、压力、粒度对煤的瓦斯赋存能力的影响，对能与瓦斯赋存能力形成直接相关关系的内外因素进行定量分析，并使用针对小样本、贫信息系统的灰色关联度法深入研究内外因素对煤的瓦斯赋存能力影响度序列。

第 5 章主要构建并验证煤层瓦斯突出风险的人工神经网络预警模型。构建含有输入层、隐藏层和输出层的多层人工神经网络模型，通过将矿井实践样本参数输入模型，训练 BP 人工神经网络学习突出风险样本特征参数，BP 人工神经网络模型具有自动正向传播工作流和逆向调整连接权的智能纠错功能，通过使用最速下降法的批量处理模式提升模型的运行效率，通过引入动量因子优化模型分析判识能力，将第 4 章中煤的瓦斯赋存能力主要影响因素和关键影响因素作为基础指标分别构建数学模型，选用正确率更高、运行速度更快的预警模型作为突出风险预警方法，将煤炭矿井生产中瓦斯突出风险致因因素输入预警模型，验证模型的实践使用价值。

第 6 章对前 5 章主要内容进行归纳和展述，提炼研究创新点，提出研究中的不足和缺憾，并展望下一步研究侧重点。

1.4.2 主要研究方法

1. 实验测试分析

选取 4 组实验煤样,分别来自淮南煤田和沁水煤田,依次编号为 DJ、LZ、YW、CZ 煤样。所有煤样均取自新鲜裸露的煤壁或者钻孔,参照 GB/T 482—2008《煤层煤样采取方法》进行采样。为防止煤样氧化,所有煤样被直接放入密闭容器内后带回实验室进行测试。对上述 4 组煤样进行了工业分析测试、最大镜质组反射率测试、压汞实验、低温液氮吸附实验、标准吸附实验、变压吸附实验、变温吸附实验和变粒度吸附实验等。

2. 理论研究分析

目前常用的三种吸附模型有不同的适用对象,朗格缪尔吸附模型适用于分析单分子层吸附,BET 吸附模型适用于分析多分子层吸附,杜比宁-阿斯塔霍夫(Dubinin-Astakhov,D-A)吸附模型适用于微孔填充。在标准条件下进行煤对甲烷气体的等温吸附实验,测得相关实验数据后分别使用三种吸附模型对吸附曲线进行拟合分析,对比拟合度的大小。结合对吸附原理的认识和对实验数据的拟合得到煤的瓦斯赋存机理分析。

3. 数学模型分析

根据在赋存过程中起的不同作用,将煤的瓦斯赋存影响因素分为内因和外因两大类,通过定量分析寻找赋存能力和影响因素作用之间的线性关系,由于矿井中瓦斯突出风险事件资料分析具有小样本、贫信息的特点,采用灰色关联分析方法,建立灰色关联度模型进行内外因素对煤的瓦斯赋存能力影响效果的研究,按关联度的大小重新排列,基于实验数据分析得到煤的瓦斯赋存能力的主要影响因素和关键影响因素。

4. 智能编程分析

根据瓦斯突出风险的"球体失稳"理论,认为发生瓦斯突出风险的必要条件是煤层赋存瓦斯,基于赋存失衡过程中风险发生的突发性,采用具有智能"黑箱"研判特点的 BP 人工神经网络对生产实践中矿井煤层瓦斯突出风险进行预警。BP 人工网络神经模型具有自我训练、自我学习、自行联想和快速判识的特点。训练好的 BP 人工神经网络把煤层瓦斯突出风险标准以连接权的方式赋予网络,使得智能风险预警系统不仅可以进行定量判识,而且可以避免判识过程中的人为失误。由于模型的连接权值是通过实践中矿井瓦斯数据学习得到的,这样就避免了人为计取权值和相关系数的主观影响和不确定性。

1.4.3 研究技术路线

研究技术路线如图 1.4 所示。

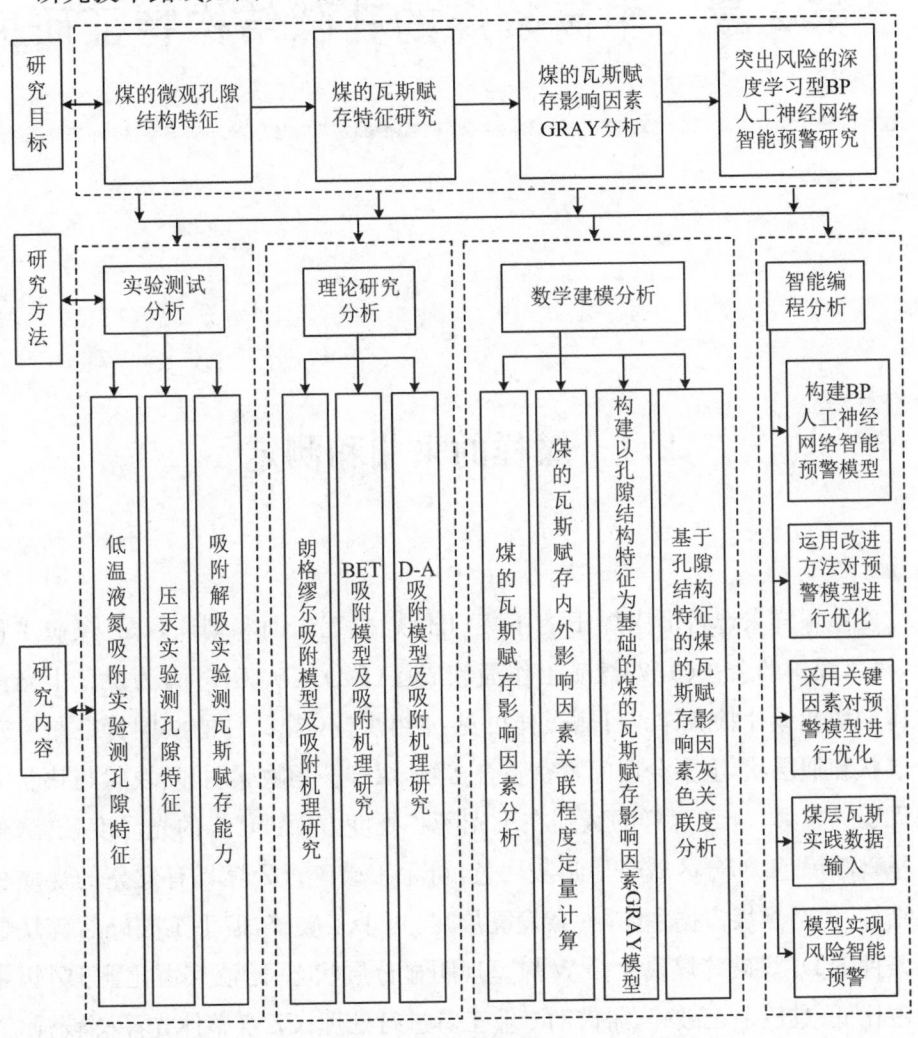

图 1.4 全书研究技术路线

第 2 章　中高阶煤的孔隙结构特征研究

2.1　煤样的采集和测定

实验煤样采选自淮南煤田的丁集（DJ）煤矿工作面和刘庄（LZ）煤矿工作面,沁水煤田的余吾（YW）煤矿工作面和成庄（CZ）煤矿工作面,为煤壁上新鲜采得的块状或片状煤样。目测煤样可见:4 组煤样（图 2.1）的共同特征是呈现分层状和似层状,上下分层间紧密整合接触,煤样棱角块状明显,块状与块状之间无明显位移。4 组煤样的区别在于光泽和硬度方面:DJ 煤的光泽度较差,整体呈现暗黑色,部分区域略呈暗灰褐色,可手工破碎;LZ 煤具有发亮的煤质分层结构,但暗黑煤占据主体,夹杂发亮层煤,可手工破碎,但手工破碎后碎块比同条件下 DJ 煤破碎煤块大;YW 煤呈现明显分层状态,暗淡煤占比比 LZ 煤中的占比低,难以手工破碎,需借助专业工具进行处理;CZ 煤整体光泽感较强,光亮煤体占主体,但间隔暗淡层级煤,层级分区较为明显,硬度大,借助破碎锤也难以破碎至厘米级以下碎块。可依据光泽度和坚硬度特征将 4 组煤样区分为暗淡煤Ⅰ型、暗淡间亮煤Ⅱ型、间亮煤Ⅲ型和光亮煤Ⅳ型。

DJ　　　　　　　　　LZ

YW　　　　　　　　　CZ

图 2.1　原始煤岩样本图

煤样用破碎机粉碎后选取粒度小于 0.2 mm 的颗粒。按照 GB/T 6948—2008《煤的镜质体反射率显微镜测定方法》在国家煤化工产品质量监督检测中心进行镜质组最大反射率 $R_{o,max}$ 测定。[54]煤粉筛选 0.18～0.25 mm 的颗粒装入干燥坩埚,按照《煤的工业分析方法》在煤炭安全精准开采国家地方联合工程研究中心的 WS 自动工业分析仪(图 2.2)中完成煤样的工业分析测定。[55]

使用 WS 自动工业分析仪的相关测定结果如表 2.1 所示。

表 2.1　实验煤样的物理特性

样品编号	采样煤田	煤样种类	变质阶段	$R_{o,max}$(%)	Mad(%)	Aad(%)	Vdaf(%)	Fcd(%)
DJ	淮南	气煤	Ⅱ	0.79	1.90	15.39	35.65	47.06
LZ	淮南	气肥煤	Ⅲ	0.87	1.83	14.44	33.38	50.35
YW	沁水	贫煤	Ⅷ	2.23	1.12	12.22	13.57	73.09
CZ	沁水	无烟煤	Ⅸ	2.97	2.73	12.15	6.96	78.16

wt.%,质量百分比;Mad 为水分,空气干燥基;Aad 为灰分,空气干燥基;Vdaf 为挥发分,干燥无灰基;Fcd 为固定碳

实验分析选用的孔隙分类方法为霍多特(Hodot)分类法,它的突出优势是

在分类类型不同的孔中,瓦斯的吸附解吸发生机理不同:将孔径宽度为 10 nm 以下的孔定义为"微孔",是吸附态瓦斯赋存的主要空间,通常认为微孔是不可压缩的;将孔径宽度为 10～100 nm 的孔定义为"小孔",瓦斯在其中发生毛细管凝结作用,小孔也是游离态瓦斯流动的主要空间;将孔径宽度为 100～1000 nm 的孔定义为"中孔",瓦斯在该空间内发生缓慢层流渗透;将孔径宽度为 1000～10000 nm 的孔定义为"大孔",瓦斯在该空间发生急遽层流渗透;将孔径宽度为 10000 nm 以上的孔定义为"裂隙",裂隙是层流和紊流混合渗透作用的空间。

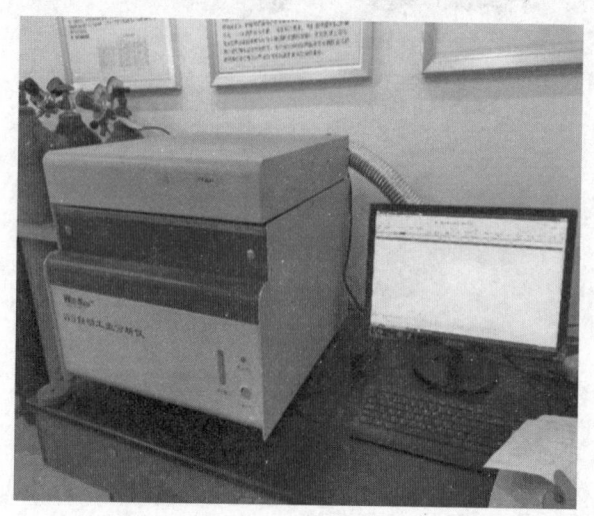

图 2.2　实验 WS 自动工业分析仪

2.2　压汞实验测试孔隙结构基本特征

2.2.1　压汞实验的中高阶煤孔隙结构基本参数测算

现行主要的煤孔径分布测算方法有小角 X 射线散射测算方法、压汞测算方法和液氮吸附测算方法。测算范围对比如图 2.3 所示,其中压汞法的适用测算孔径范围最大,理论上能够有效测算小孔、中孔、大孔、裂隙和部分微孔的孔径分布与孔隙结构特征。

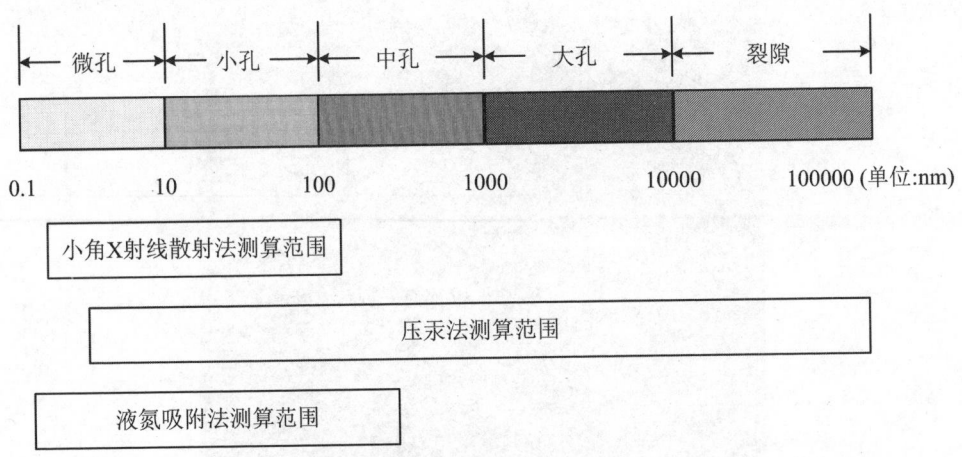

图 2.3　孔的分类及实验方法适用测算范围

基于汞对一般固体不润湿,界面张力抵抗其进入孔中的原因,欲使汞进入孔则必须施加外部压力。汞压入的孔半径与所受外压力成反比,外压越大,汞能进入的孔半径越小。汞填充的顺序是先外部,后内部;先大孔,后中孔,再小孔。测量不同外压下进入孔中汞的量即可知相应孔的体积。压汞法测算孔径分布的测定原理是,根据拉普拉斯方程(Laplace's equation)测定不同压力下进入煤的孔隙空间的汞体积,得到压汞压力与进汞体积的相关关系,再由相互关系分析孔隙的其他特征参数。[56]路艳军(2015)将适用于界面化学的拉普拉斯方程式改进为适用于压汞方法测算孔隙的方程式:[57]

$$r = -2\gamma\cos\theta/P \tag{2-1}$$

式中,r 为空隙半径,单位为 nm;P 为压汞压力,单位为 MPa;γ 为汞的表面张力,取值 48×10^{-4} N/cm;θ 为压汞角度与煤样表面的夹角,取值 140°。

测试仪器选用美国麦克公司的 AutoPore Ⅳ 9500 全自动压汞仪,如图 2.4 所示。最大工作压力达 228 MPa,孔径测试范围为 5 nm 至 360 μm,体积精度达 0.1 μL。

表 2.2 是压汞实验测试所得 4 种煤样的总孔体积及各孔径段体积占比。DJ 煤样总孔体积为 0.062 cm³/g,LZ 煤样总孔体积为 0.078 cm³/g,YW 煤样总孔体积为 0.036 cm³/g,CZ 煤样总孔体积为0.040 cm³/g。高阶煤单位质量总孔体积普遍小于中阶煤单位质量总孔体积。从孔体积占比指标看,高阶煤的微孔占比明显高于中阶煤的微孔占比,中阶煤的大孔及裂隙占比显著高于高阶

煤的大孔及裂隙占比。

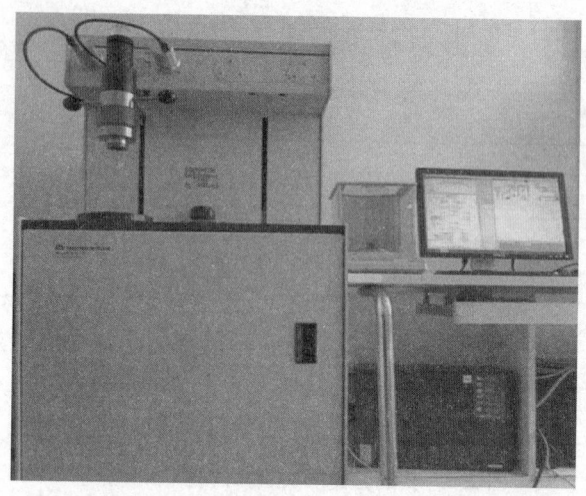

图 2.4　实验用 AutoPore Ⅳ 9500 全自动压汞分析仪

表 2.2　压汞实验总孔体积及各类孔的体积比例

煤样编号	总孔体积（cm³/g）	各孔径段体积比（%）			
		微孔	小孔	中孔	大孔及裂隙
DJ	0.062	12.952	12.793	1.868	72.387
LZ	0.078	9.486	10.944	4.867	74.703
YW	0.036	55.042	31.699	6.051	7.208
CZ	0.040	59.634	26.301	4.427	9.637

表 2.3 是压汞实验测试所得 4 种煤样的总比表面积及各类孔的比表面积占比。DJ 煤样总比表面积为 $5.95\ \mathrm{m^2/g}$，LZ 煤样总比表面积为 $5.49\ \mathrm{m^2/g}$，YW 煤样总比表面积为 $18.23\ \mathrm{m^2/g}$，CZ 煤样总比表面积为 $21.59\ \mathrm{m^2/g}$。高阶煤单位质量总比表面积显著高于中阶煤单位质量总比表面积。和孔体积占比呈现两极趋势不同，中高阶煤的微孔比表面积占比明显高于其他孔隙类型。

表 2.3　压汞实验总比表面积及各类孔的比表面积比例

煤样编号	总比表面积（m²/g）	各孔径段比表面积比（%）			
		微孔	小孔	中孔	大孔及裂隙
DJ	5.95	73.926	25.667	0.334	0.073
LZ	5.49	71.146	27.801	0.914	0.139
YW	18.23	87.938	11.789	0.264	0.009
CZ	21.59	89.918	9.932	0.141	0.008

2.2.2 压汞实验的中高阶煤孔径、比表面积和孔体积分析

对新采自煤岩的新鲜煤样进行粉碎,筛选 60～80 目煤粉 2 g,经过预处理后装入样品管进行压汞实验,使用全自动压汞仪 AutoPore Ⅳ 9500 测得 4 组煤样的进汞数据和进汞曲线如图 2.5 所示。

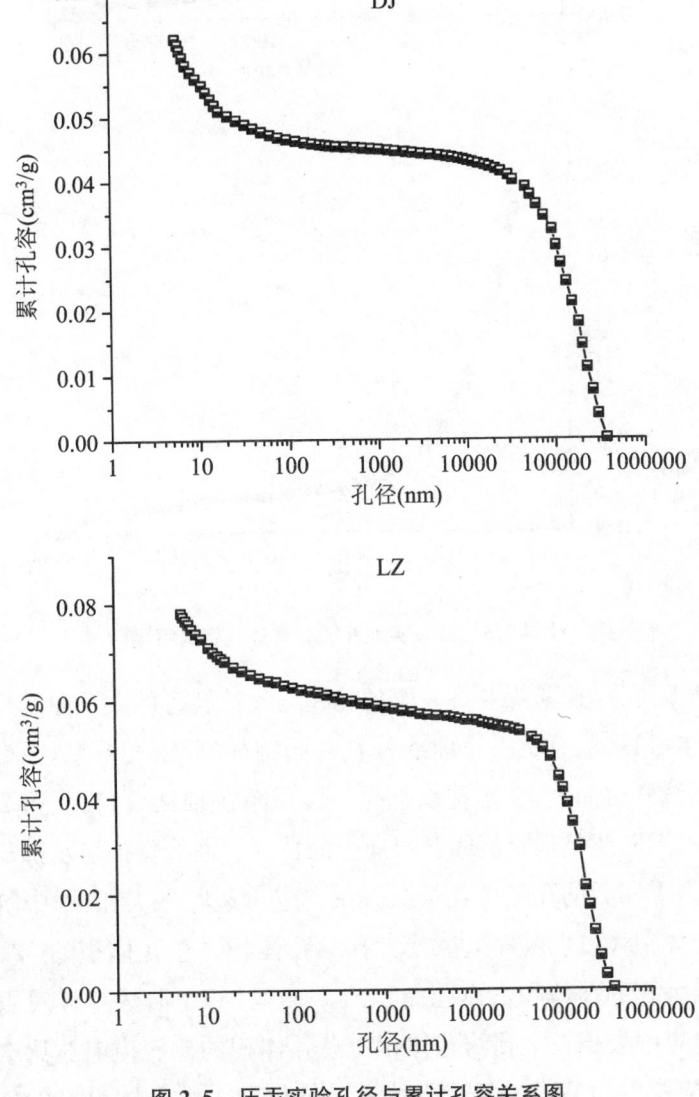

图 2.5 压汞实验孔径与累计孔容关系图

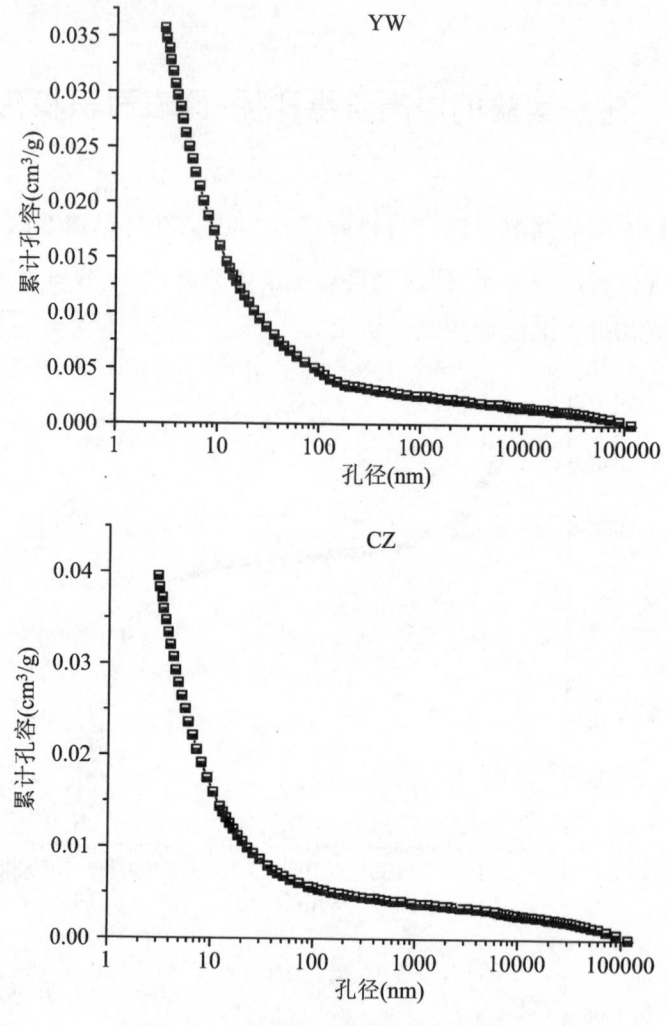

续图 2.5　压汞实验孔径与累计孔容关系图

由图 2.5 可见,中阶煤和高阶煤的孔径与累计孔容的关系曲线呈现不同特点。DJ 煤样和 LZ 煤样的关系曲线具有共同特征,曲线类 S 型,在微小孔孔径区间范围曲线开口向上,在中孔以上孔径区间范围曲线开口向下;YW 煤样和 CZ 煤样的关系曲线呈现全区间开口向上的特征。曲线特征显示随压汞压力的增大,汞进入煤样后的孔隙填充情况。汞先进入裂隙和大孔,因中阶煤中裂隙及大孔的孔体积大,DJ 煤样裂隙及大孔的孔体积占总孔体积的 72.378%,LZ 煤样裂隙及大孔的孔体积占总孔体积的 74.703%,中阶煤煤样对汞容积急遽上升。高阶煤中裂隙及大孔的孔体积占总孔体积的比例横向对比中阶煤的同项指标,比值较小,YW 煤样裂隙及大孔的孔体积占总孔体积的 7.208%,仅为

DJ 煤样同项指标的 1/10;CZ 煤样裂隙及大孔的孔体积占总孔体积的9.637%,为 LZ 煤样同项指标的 1/8;高阶煤煤样在该阶段对汞的容积上升速率缓慢。随着压力增大,汞进入中孔,中阶煤对汞容积吸纳缓慢,100 nm 以上孔径 DJ 煤样对汞容积为 0.046 mL/g,1000 nm 以上孔径 DJ 煤样对汞容积为 0.045 mL/g,同比增长 2.222%;100 nm 以上孔径 LZ 煤样对孔容积为 0.063 mL/g,1000 nm 以上孔径 LZ 煤样对汞容积为 0.058 mL/g,同比增长 8.621%;高阶煤在中孔阶段对汞的吸纳能力优于中阶煤。100 nm 以上孔径 YW 煤样对汞容积为0.005 mL/g,1000 nm 以上孔径 YW 煤样对孔容积为 0.003 mL/g,同比增长 66.667%。100 nm 以上孔径 CZ 煤样对汞容积为 0.006 mL/g,1000 nm 以上孔径 CZ 煤样对孔容积为 0.004 mL/g,同比增长 50%。汞进入小微孔,中阶煤对汞容积吸纳速率大于中孔阶段,但小于大孔及裂隙阶段,5 nm 以上孔径 DJ 煤样对汞容积为 0.062 mL/g,相比 100 nm 以上孔径的汞容积同比增长34.783%;5 nm 以上孔径 LZ 煤样对孔容积为 0.078 mL/g,相比 100 nm 以上孔径的汞容积同比增长 23.810%;相比中阶煤,高阶煤在小微孔阶段对汞的吸纳能力优秀。3 nm 以上孔径 YW 煤样对汞容积为 0.035 mL/g,相比 100 nm 以上孔径的汞容积同比增长 600%;3 nm 以上孔径 CZ 煤样对汞容积为 0.040 mL/g,相比 100 nm 以上孔径的汞容积同比增长 566.667%。

对压汞实验数据使用拉普拉斯方程计算孔径分布,以孔径分布和各个阶段新进汞量的相对变化分析 4 种煤样的孔径分布规律,如图 2.6 所示。

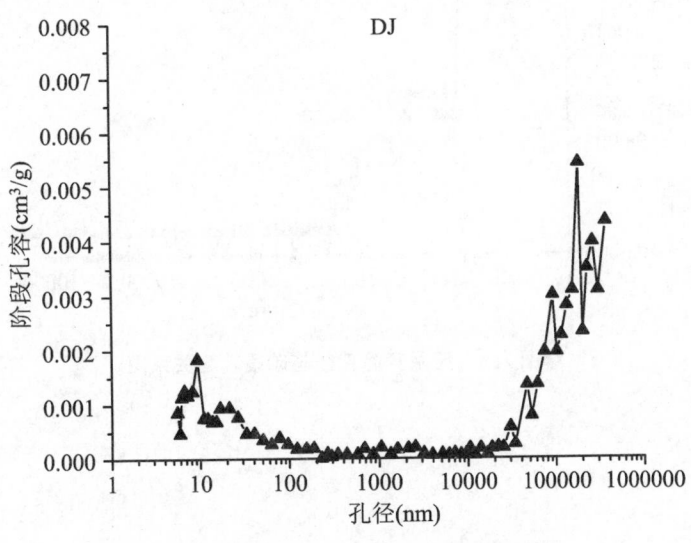

图 2.6　压汞实验孔径与阶段孔容关系图

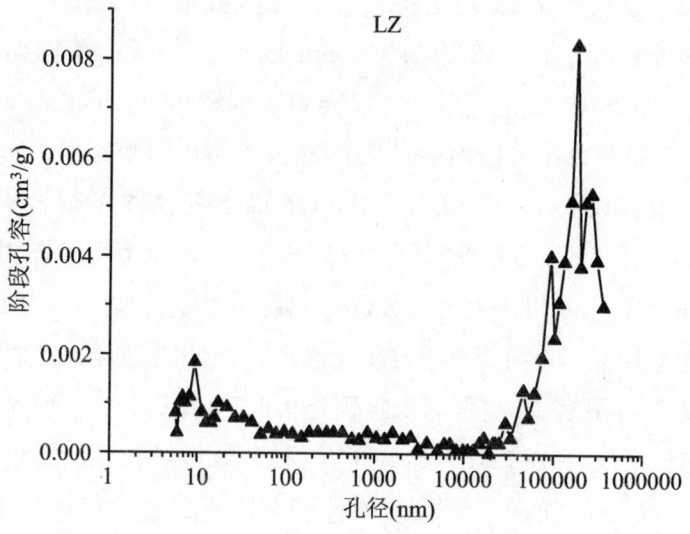

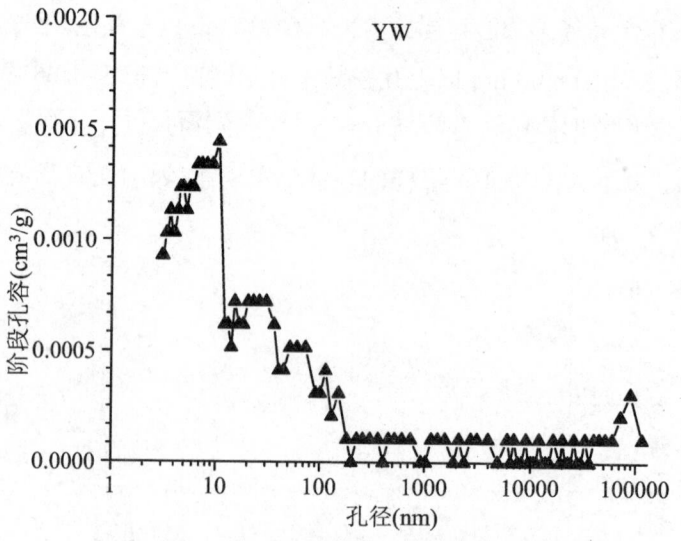

续图 2.6　压汞实验孔径与阶段孔容关系图

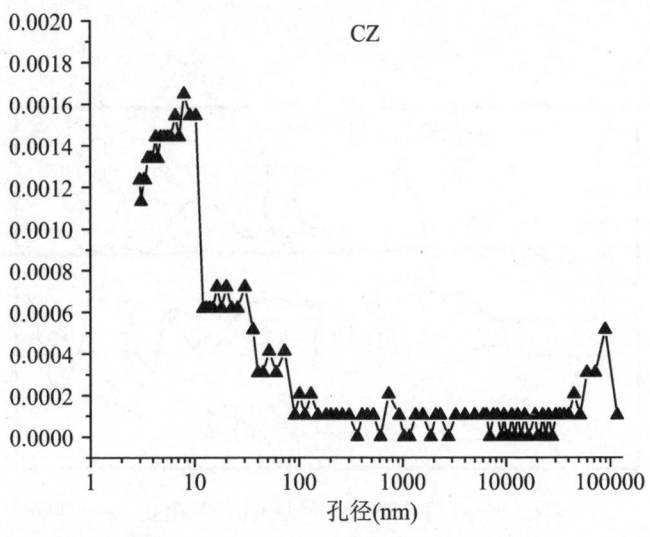

续图 2.6　压汞实验孔径与阶段孔容关系图

由图 2.6 可见,中阶煤的阶段孔容增长峰值出现在裂隙阶段,DJ 煤样的阶段孔容增长峰值为 0.005 mL/g,LZ 煤样的阶段孔容增长峰值为 0.008 mL/g;高阶煤的阶段孔容增长峰值出现在微孔阶段,YW 煤样的阶段孔容增长峰值为 0.0016 mL/g,CZ 煤样的阶段孔容增长峰值为 0.0014 mL/g。DJ 煤样体积中值孔径为 98775 nm;LZ 煤样体积中值孔径为 112517.6 nm;YW 煤样体积中值孔径为 8.8 nm;CZ 煤样体积中值孔径为 7.8 nm。

2.2.3　压汞实验的中高阶煤孔隙连通性分析

可由压汞实验累计进汞/退汞量曲线观测煤样中孔的连通性,孔的连通性是影响孔中瓦斯流通和渗透的重要因素。按照连通性分类,孔可以分为开孔和闭孔。如图 2.7 所示,A、B、D 类属于开孔,C 类属于闭孔。

压汞试验属于流体注入类实验,流体不能进入闭孔,无法测算闭孔的微观特征指标,但是可依据压汞/退汞曲线特征,对煤样中开孔与闭孔的相对占比进行分析,亦可依据压汞/退汞曲线开口及闭合情况,对煤样中孔的基本形态作出判断。图 2.8 是 4 种煤样的累计进汞/退汞曲线图。

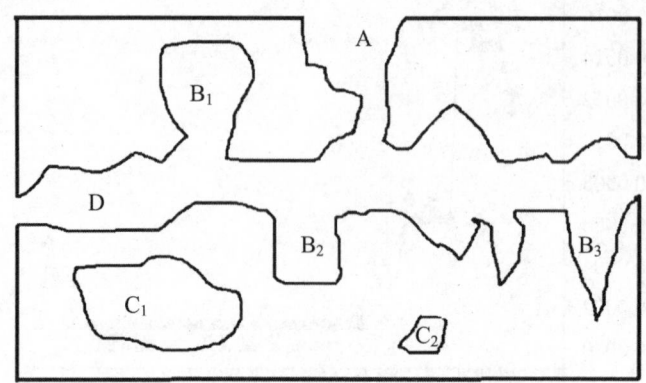

A—通孔;B——端封闭一端开放的孔;C—闭孔;D—缝隙

图 2.7　煤的孔隙结构类型

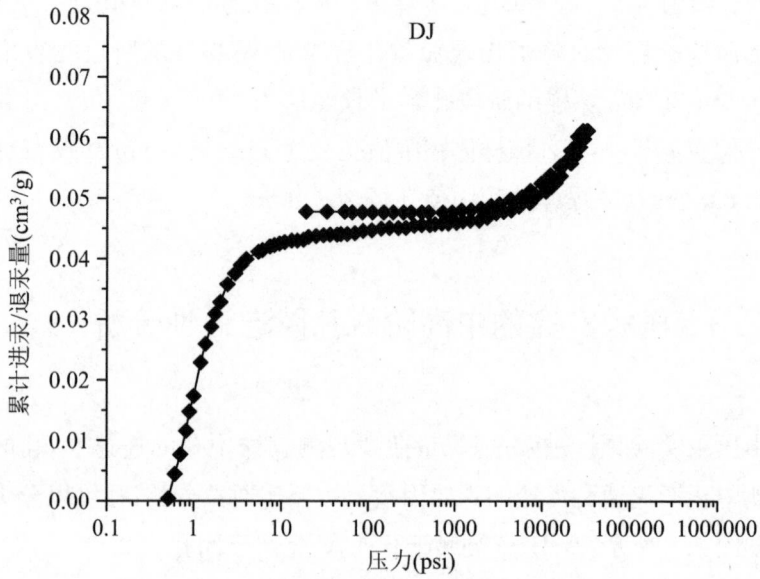

图 2.8　压汞实验累计进汞/退汞曲线图

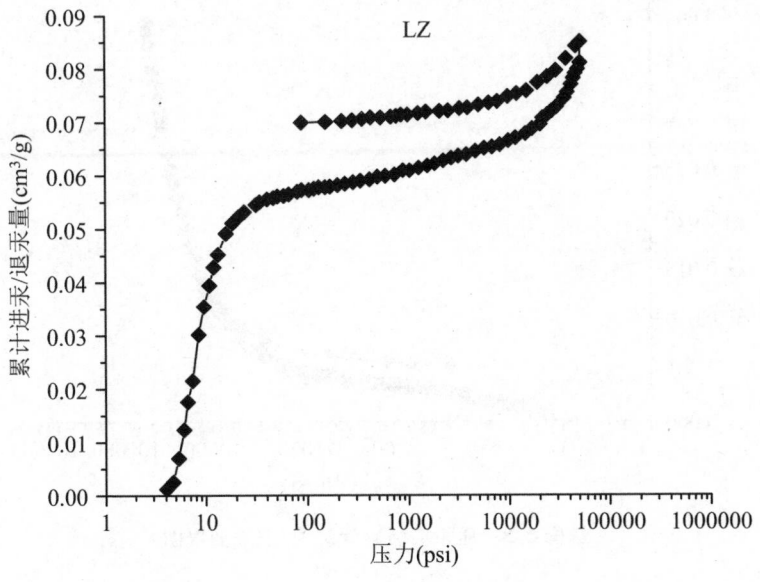

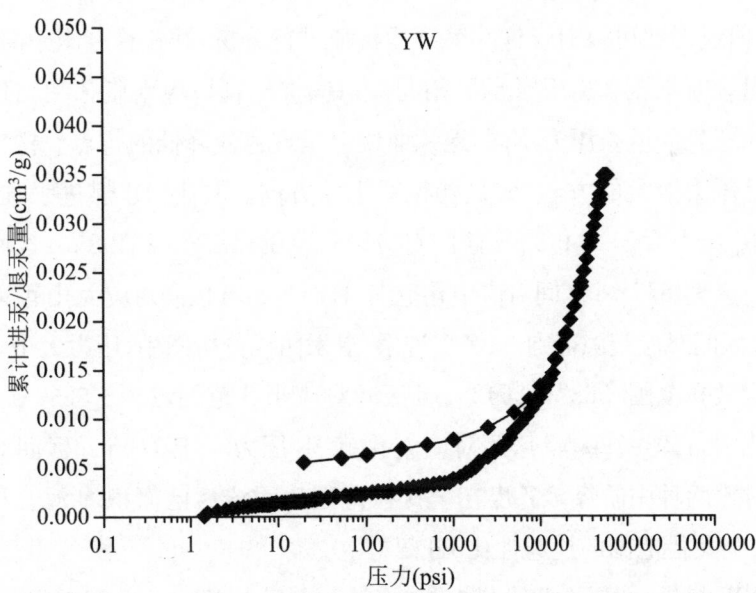

续图 2.8　压汞实验累计进汞/退汞曲线图

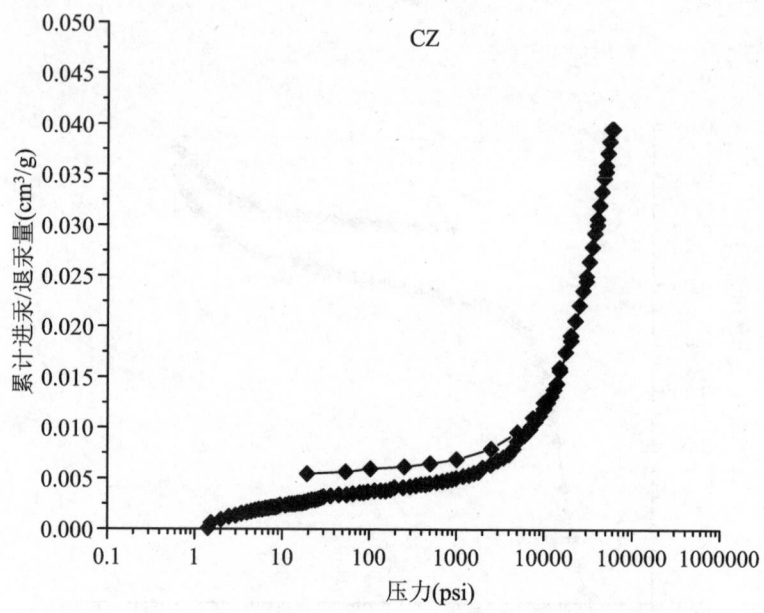

续图 2.8　压汞实验累计进汞/退汞曲线图

图 2.8 中横坐标为进汞/退汞压力,单位是 psi,1 psi=6894.76 Pa。依据进汞/退汞曲线形状可以对煤样孔隙结构特征进行分析,开孔具有压汞滞后区;闭孔因为退汞时承压和进汞时承压相同,不具有滞后区;墨水瓶孔和细颈瓶孔因为瓶颈和瓶身的退汞压力不同,退汞曲线会呈现急遽降低的特点。横坐标增大的方向是压力增大的方向,即是孔径减小的方向。其中,DJ 煤进汞/退汞曲线分析图中,压力大于 23498 psi 区间对应微孔范围,1877～23498 psi 区间对应小孔范围,174～1877 psi 区间对应中孔范围,17～174 psi 区间对应大孔范围,压力小于 17 psi 区间对应裂隙范围。LZ 煤进汞/退汞曲线分析图中,压力大于 36426 psi 区间对应微孔范围,5682～36425 psi 区间对应小孔范围,730～5682 psi 区间对应中孔范围,119～730 psi 区间对应大孔范围,压力小于 119 psi 区间对应裂隙范围。对比两种中阶煤,LZ 煤在全孔径范围压汞滞后区面积均大于 DJ 煤,说明 LZ 煤全孔径范围的连通性比 DJ 煤好。

在 YW 煤进汞/退汞曲线分析图中,压力大于 17450 psi 区间对应微孔范围,1791～17450 psi 区间对应小孔范围,176～1791 psi 区间对应中孔范围,18～176 psi区间对应大孔范围,压力小于 18 psi 区间对应裂隙范围。CZ 煤进汞/退汞曲线分析图中,压力大于 17446 psi 区间对应微孔范围,1994～17446 psi 区间对应小孔范围,175～1994 psi 区间对应中孔范围,18～175 psi 区间对应大孔范围,压力小于 18 psi 区间对应裂隙范围。对比两种高阶煤,YW 煤和 CZ 煤在小微孔阶段进汞线和退汞线几乎重合,说明小微孔阶段孔的连通程度差;在中孔、大孔及裂隙范围,YW 煤回滞区的面积大于同范围 CZ 煤回滞区面积,说明在中孔及以上孔径范围,YW 煤的孔隙连通性要优于同范围 CZ 煤的孔隙连通性。

　　孔隙连通性是瓦斯抽采方式的重要决定因素,对于连通性较好的多重开放性孔,可采用卸压抽查;对于连通性较差的封闭性孔,采取水力压裂方法更为合适。

2.3　低温液氮实验测试孔隙结构特征

2.3.1　液氮实验的中高阶煤孔隙结构基本参数测算

　　低温液氮实验依据《气体吸附 BET 法测定固态物质比表面积(GB/T 19587—2017)》国家标准[58],使用配备 Micro Active 软件的 ASAP 2460 孔径分析仪完成,如图 2.9 所示。

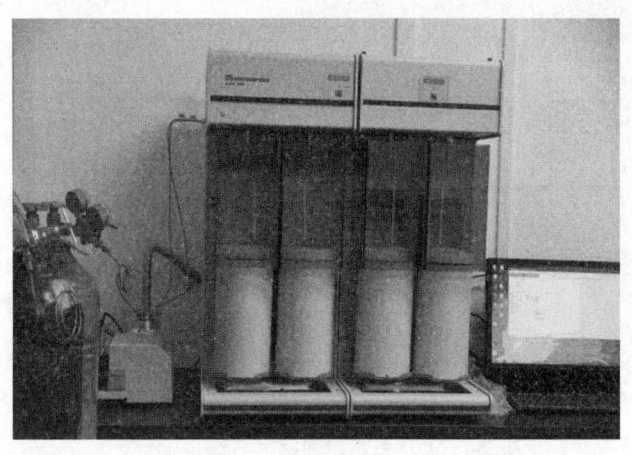

图 2.9　实验用 ASAP 2460 孔径分析仪

孔径分析仪的可测试孔径范围为 0.35～500 nm,可测试比表面积范围为 0.0005 m²/g 至无上限,可测试孔体积为 0.0001 cc/g 至无上限。

筛选粒径为 60～80 目的煤粉 2 g,经干燥处理及抽真空处理后,进行低温液氮吸附实验。测试煤样粒度为 0.18～0.25 mm,测得 4 组煤样的基本微观结构数据结果如表 2.3 所示。

表 2.3　低温液氮实验测得中高阶煤孔隙结构基本参数

样品	平均孔径 (nm)	孔体积 (cm³/g)	比表面积 (m²/g)	孔体积占比(%)		比表面积占比(%)	
				微孔	小孔	微孔	小孔
DJ	30.76	0.002041	0.7007	19.94	80.06	72.13	27.87
LZ	32.64	0.003319	0.8157	14.06	85.94	55.69	44.31
YW	16.47	0.001872	0.4807	14.78	85.23	44.25	55.75
CZ	15.85	0.002564	0.4449	14.04	85.96	38.95	61.05

由表 2.3 数据对比可见,高阶煤的比表面积小于中阶煤的比表面积,如 CZ 煤单位质量比表面积仅为 LZ 煤单位质量比表面积的 54.54%,该规律符合邹艳荣、杨起等多位学者对比表面积和变质程度相对变化的研究结果[59]。对比孔体积和平均孔径两列数据,发现中阶煤的 LZ 煤在孔体积和平均孔径两项指标上均高于高阶煤的 YW 煤和 CZ 煤,但是作为变质程度处于Ⅱ阶段的 DJ 煤的孔体积 (0.002041 cm³/g)小于处于变质程度Ⅲ阶段的 LZ 煤的孔体积(0.003319 cm³/g),也小于处于变质程度Ⅸ阶段的 CZ 煤的孔体积(0.002564 cm³/g)。且 DJ 煤的

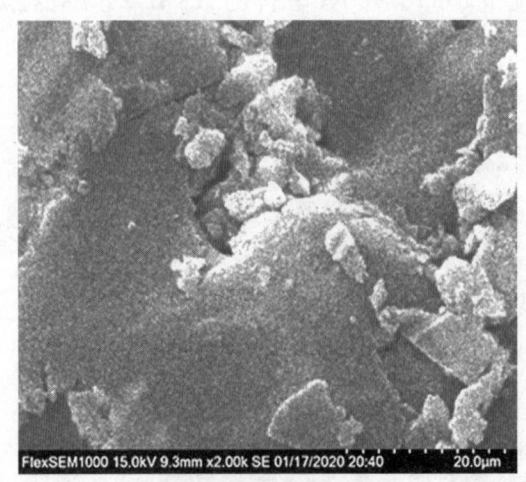

平均孔径(30.76 nm)小于 LZ 煤的平均孔径(32.64 nm)。DJ 煤在孔体积和平均孔径两项指标上不符合部分学者研究得到的孔径、孔容随煤阶的增加而减小的结论。使用 SEM 电镜扫描后可解释原因,如图 2.10 所示。

图 2.10　DJ 煤样孔道堵塞的 SEM 电镜扫描图

从电镜扫描结果可见,DJ 煤破碎后,表面极小颗粒较多,堵塞孔道,造成孔体积和平均孔径比实际值小,且电镜扫描前已进

行常规表面除尘,可认为自然状态下 DJ 煤的孔道堵塞物体量更大。

2.3.2　液氮实验的中高阶煤孔隙结构类型分析

通过吸附等温线形状和吸附脱附滞后环大小可分析煤的微观孔隙结构类型。观测吸附等温线,中高阶煤的等温吸附线呈现共同特征,按上升速率和增幅不同可划分为 5 个区间。

第一区间为微孔填充区:等温线处于初始阶段,呈现明显大而陡峭的上升趋势,这一阶段微孔被顺序填充,然后逐渐弯曲成平台。

第二区间为单层吸附区:吸附等温线出现如膝部特征的弯曲状,代表越来越多的吸附质分子进入孔隙,微孔被填满后,吸附质分子会在孔隙表面形成类似薄膜状单层结构。

第三区间为多层吸附区:弯角形成后,吸附曲线进入平台区域,表示表层吸附进入多分子层吸附阶段。

第四区间为毛细凝聚反应区:当 P/P_0 大于 0.4 时,毛细凝聚反应出现,毛细凝聚反应即为孔道中被吸附气体随分压比增高转变为近似液体的现象。[60]开尔文方程可量化计算能实现凝聚气体的毛细管尺寸和平衡压力的相关关系。

第五区间为吸附平衡区:随着压力继续增高,煤吸附瓦斯趋近饱和,实现吸附平衡。

实验系统在吸附过程完成后再递减气体量,得到脱附等温曲线。由于脱附和吸附的机理不同,煤样的脱附等温线和吸附等温线极少能够重合,便会形成滞后环。IUPAC 将等温吸附线的回滞环划归为 H1、H2(a)、H2(b)、H3、H4 和 H5 等 6 种类型。[61]用全自动比表面积及孔径分析仪 ASAP 2460 进行低温液氮实验,测得数据绘制的煤样的液氮吸附脱附曲线如图 2.11 所示(图中"STP"表示处于常温和标准大气压环境下)。

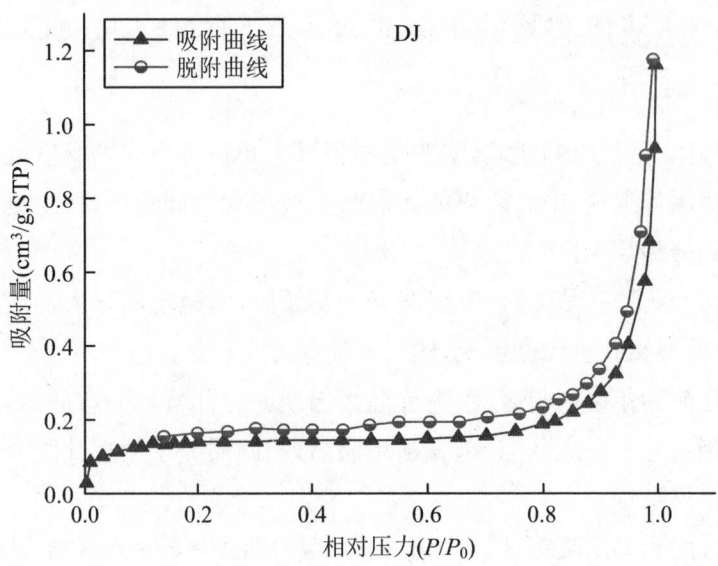

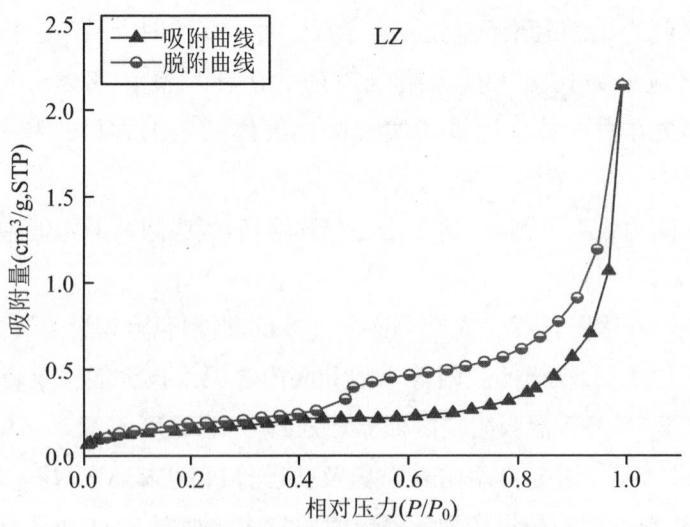

图 2.11 4 种煤样的低温液氮吸附脱附曲线图

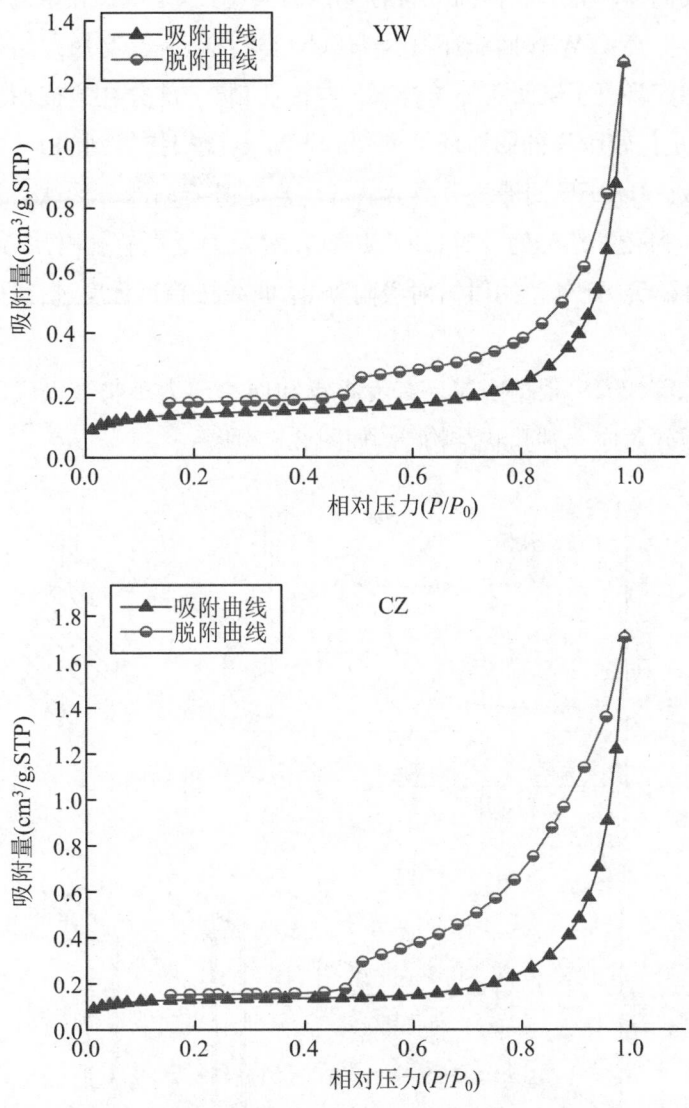

续图 2.11　4 种煤样的低温液氮吸附脱附曲线图

IUPAC(2015)将吸附等温线划归为 6 种类型。观测实验所得中高阶煤吸附曲线图,标准状态下 DJ 煤液氮吸附量可达 1.18 cm³/g,LZ 煤液氮吸附量可达 2.14 cm³/g,YW 煤液氮吸附量可达 1.27 cm³/g,CZ 煤液氮吸附量可达 1.70 cm³/g,虽然最大吸附量和阶段吸附细节不完全相同,但曲线完全符合第五类吸附等温线特征,是典型的有孔材质吸附曲线。

按照 IUPAC 分类标准,LZ 煤回滞环符合 H3 类特征,是未被孔凝聚物填充的大孔类回滞环;CZ 煤回滞环符合 H2(a)类特征,是瓶颈较窄的墨水瓶形介孔类材料回滞环;YW 煤回滞环符合 H2(b)类特征,是具有瓶颈结构的墨水瓶形介孔类回滞环;DJ 煤回滞环符合 H5 类特征,属于部分孔道被堵塞的介孔材料回滞环,是比较少见的回滞环类型,和 SEM 电镜扫描得到的 DJ 煤微孔结构图结论一致。IUPAC 回滞环分类方法的优点是基于回滞环形状特征将有孔材料的孔大小和孔形态分为 6 类;缺点是研究对象为泛性有孔材质,缺乏对煤材质的针对性研究,此外使用时需对吸附/脱附曲线按趋近程度进行仔细比对,使用方法并不方便。

周三栋等(2018)根据回滞环有无拐点和回滞环大小将液氮吸附脱附线分为 4 种类型并对应 4 种孔状结构[62],如图 2.12 所示。

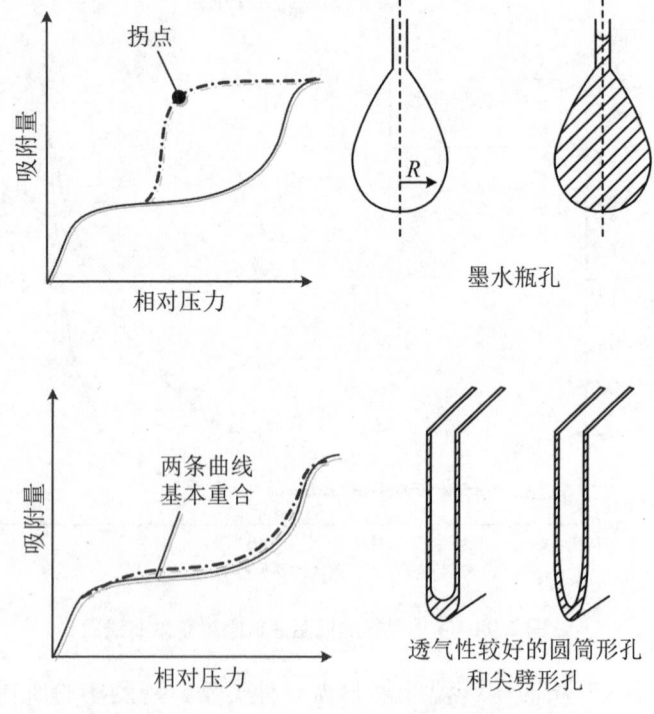

图 2.12 回滞环特点和孔隙结构类型

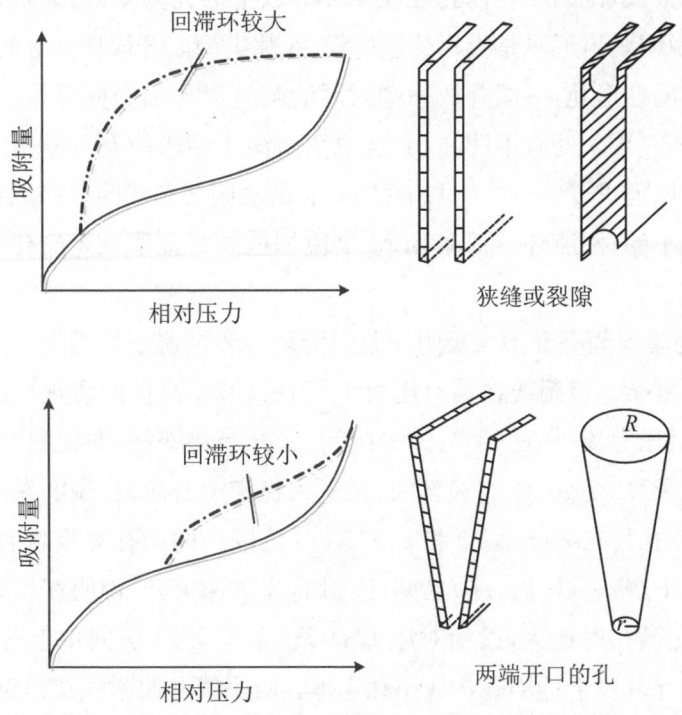

续图 2.12　回滞环特点和孔隙结构类型

　　这种分类方法的优点是不用逐一对比 6 种分类图形便可根据两个主要特点得到孔隙类型和孔的连通状况；缺点是未能根据回滞环闭合区间特征深入量化分析。可根据开尔文方程计算相对压力值对应的孔径进行补缺。[63]研究联合使用图像分析法和开尔文方法求解回滞环闭合点和拐点的量化特质。

$$RT\ln\frac{P}{P_0} = \frac{2\gamma M}{r\rho} \tag{2-2}$$

式中，P_0 为正常蒸汽压；P 为小液滴蒸汽压；r 为液体曲面半径；γ 为液体表面张力；M 为摩尔质量；ρ 为密度。

　　煤的孔隙结构类型复杂，等温吸附脱附线形状类型、历经区间、是否形成回滞环，回滞环是否闭合、是否平滑、有无拐点、拐点所在区域和回滞环大小 8 个因素共同作用，可将中高阶煤样的低温液氮吸附脱附曲线划分为 C_1、C_2、C_3 和 C_4 四类。

　　C_1 型为暗淡 I 型煤吸附脱附回滞环，DJ 煤属于该类型。吸附线在相对压力 $P/P_0 \in (0,0.1)$ 区间，有个急遽上升的过程，说明孔径在 1.56 nm 以下的微孔在其微孔分布中占有较大比重，同样，在相对压力 $P/P_0 \in (0.95,1)$ 区间吸附线上升速率最快,说明小孔以孔径在 40 nm 以上的孔为主体;吸附线和脱附线几近重合,说明脱附近乎是吸附的逆过程,孔隙类型以开放性良好的孔隙为主,如两端开放的柱形孔,一端开放一端封闭的圆筒形孔和尖劈形孔;回滞线在相对压力 $P/P_0 = 0.5$ 处有不明显拐点,说明暗淡 I 型煤中有少量墨水瓶状孔存在。在相对压力 $P/P_0 \in (0.8, 1.0)$ 区间,它的吸附线和脱附线趋近程度是 4 个回滞环中最小的,回滞环分析和 SEM 电镜扫描同时证明该煤的孔道结构中有堵塞物存在。

C_2 型为暗淡间亮 II 型煤吸附脱附回滞环,LZ 煤属于该类型。这种煤的微观结构较为复杂。吸附线在相对压力 $P/P_0 \in (0, 0.4)$ 区间表现出稳定的上升趋势;在相对压力 $P/P_0 \in (0.4, 0.6)$ 区间,上升趋势变缓,曲线斜率接近水平;在相对压力 $P/P_0 \in (0.6, 0.8)$ 区间,又进入稳定上升阶段,说明在 10 nm 以下孔径分布中,孔径在 3 nm 以下和 5~10 nm 范围内的微孔对吸附的贡献率大;在相对压力 $P/P_0 \in (0.8, 1.0)$ 区间,吸附曲线快速上升,说明在该型煤孔隙系统中,小孔比微孔占比大,以相对压力 P/P_0 大于 0.96 区间中上升速率最快,说明孔径 50 nm 以上的小孔构成小孔主体。吸附线和脱附线在相对压力 P/P_0 小于 0.42 的区间未形成回滞域,说明微孔区域以筒状和柱状连通性良好的孔为主;在相对压力 $P/P_0 \in (0.42, 1)$ 形成回滞环,并在相对压力 $P/P_0 = 0.5$ 处形成拐点,说明孔径 4 nm 以上孔中以墨水瓶状孔为主;拐点处曲线形状较为平缓,回滞环面积相比光亮 IV 型煤的回滞环面积较小,说明该墨水瓶状孔的瓶颈较宽。

C_3 型为间亮 III 型煤吸附脱附回滞环,YW 煤属于该类型。这个回滞环的最大特点是在相对压力较低处未形成闭合环,在重复多次实验并排除仪器问题后,结合回滞线出现明显拐点的特征对该非闭合问题作出解释,认为在该孔隙系统中以细颈的墨水瓶状孔为主体。从吸附曲线上升趋势看,在相对压力 $P/P_0 \leqslant 0.2$ 和相对压力 $P/P_0 \geqslant 0.8$ 两个区间具有明显上升趋势,说明该孔隙系统以孔径 10 nm 以上的小孔和孔径 2 nm 以下的微孔为主,因相对压力 $P/P_0 \geqslant 0.9$ 区间上升趋势明显大于相对压力 $P/P_0 \in (0.8, 0.9)$ 区间,故小孔又以孔径为 20 nm 以上的小孔为构成主体。由于赋存特点为吸附相对容易,2 nm 以下的细颈墨水瓶孔脱附则相对困难,最终造成该类型煤的吸附脱附曲线未能闭合。

C_4 型为光亮 IV 型煤吸附脱附回滞环,CZ 煤属于该类型。该曲线具有 3 个明显特征。第一个特征是吸附曲线在相对压力 $P/P_0 \in (0,0.8)$ 区间未有明显上升趋势,在 $P/P_0 \in (0.8,0.9)$ 区间上升趋势明显,在 $P/P_0 \in (0.9,1.0)$ 区间突然大幅上升,说明在它的孔隙系统中以小孔为主体,小孔中又以孔径为20 nm以上的小孔为主体。第二个特征是吸附脱附线在相对压力 $P/P_0 \in (0.42,0.44)$ 区间实现闭合,在相对压力 $P/P_0 < 0.42$ 区间实现重合,说明3.4 nm孔径以下的孔以透气性好的圆筒形孔和尖劈形孔为主。第三个特征是具有明显拐点且回滞环较大,说明孔隙系统中存在墨水瓶状孔和连通度较差的狭窄缝隙。

2.3.3　液氮实验的中高阶煤孔径、比表面积和孔体积分析

基于 ASAP 2460 全自动比表面积及孔径分析仪测得的低温液氮实验数据,绘制孔径与阶段孔体积、阶段比表面积的相对变化如图 2.13 所示。

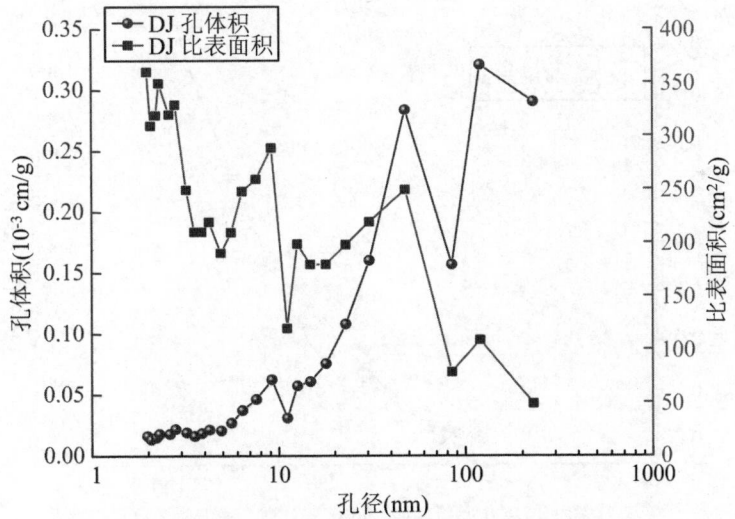

图 2.13　孔体积和比表面积随孔径增长的变化曲线

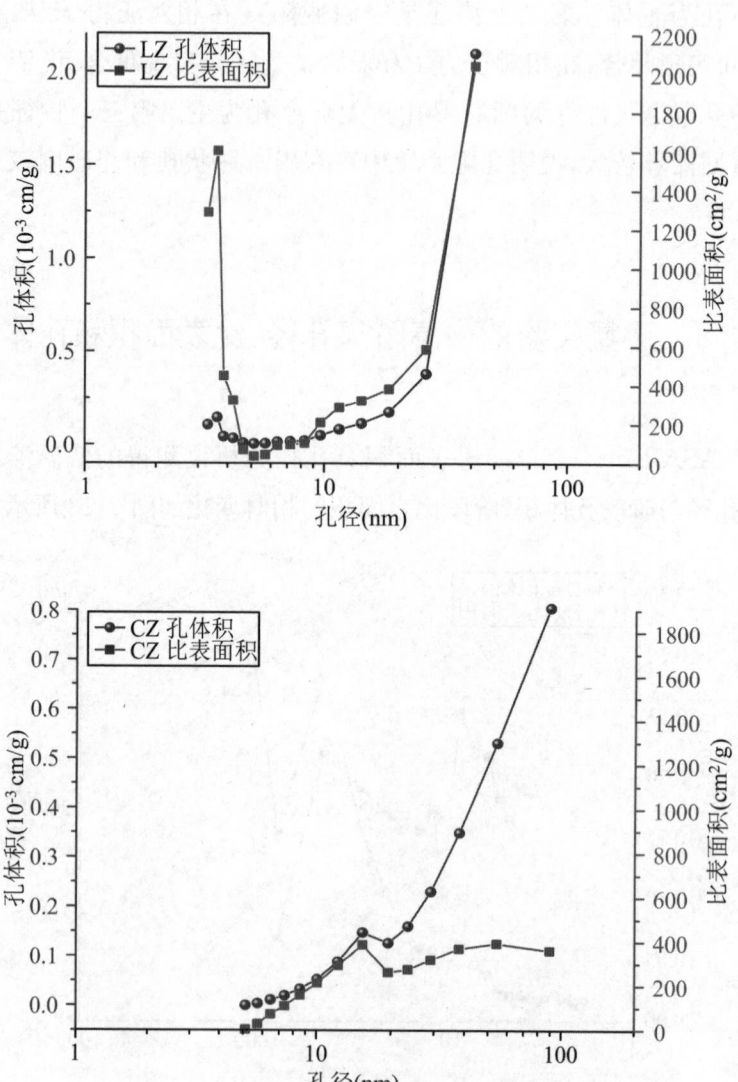

续图 2.13　孔体积和比表面积随孔径增长的变化曲线

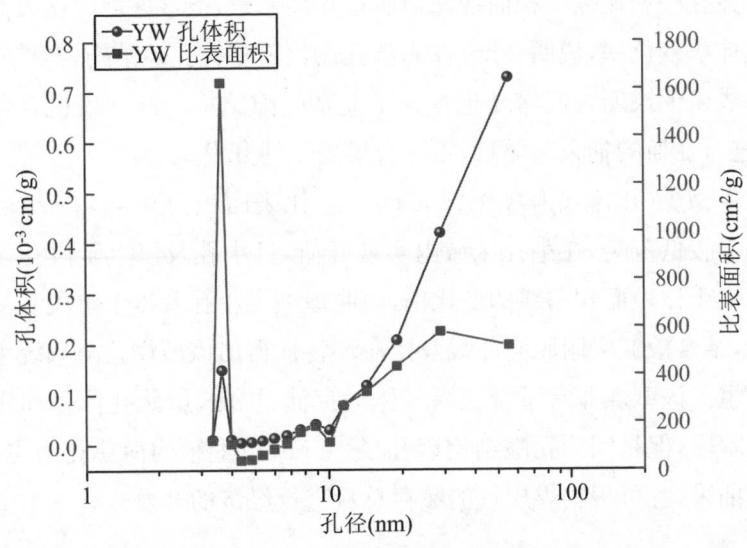

续图 2.13　孔体积和比表面积随孔径增长的变化曲线

暗淡 I 型煤(孔体积为 0.002041 cm³/g,比表面积为 0.7007 m²/g)在中高阶煤中属于中等范畴,和其他 3 种类型煤不同,其他类型煤成像曲线呈现单峰或者双峰,暗淡 I 型煤孔体积随平均孔径变化曲线呈现多峰状态,比表面积随平均孔径变化曲线也都呈现多峰状态,表明孔径段在各个区域分布较为均匀,其中小孔阶段对孔体积的贡献率较大。这种煤的孔隙连通度较好,吸附和储存性能都较好,因该煤样的小孔比表面积贡献度低但对孔体积贡献度高,说明小孔内壁复杂程度一般,但孔道中堵塞物的存在会加重其孔结构的复杂程度,这也是暗淡 I 型煤在瓦斯抽采和煤层气开发中需要进一步研究的问题。

暗淡间亮 II 型煤(孔体积为 0.003319 cm³/g,比表面积为 0.8157 m²/g)在中高阶煤中属于高范畴,在 3 nm 左右孔径微孔区域和 50 nm 以上孔径区域形成孔体积曲线和比表面积曲线的双峰,说明这两个区间段孔对孔体积和比表面积的变化贡献率最大,两个阶段外区域孔径的孔体积和比表面积稍有分布,50 nm 孔径以上区域孔体积的变化率和比表面积的变化率趋近,说明 50 nm 孔径以上孔结构复杂程度一般。该类型煤中高微孔率的存在有利于煤层气的吸附和存储,过渡孔结构简单有利于瓦斯的抽采,但微孔占比高会降低煤层气开发价值。

间亮 III 型煤(孔体积为 0.001872 cm³/g,比表面积为 0.4807 m²/g)在中高阶煤中属于低范畴,在微孔区域和小孔区域实现双峰,在微孔区域的孔体积曲线峰值所在孔径和比表面积曲线峰值所在孔径一致,但该区域内比表面积变化率大于孔体积变化率,说明 2 nm 左右微孔占比较多且孔隙结构较复杂,结合吸附脱附曲线未形成闭合回滞环也佐证了复杂孔隙结构。该型煤适合煤层气的赋存,可进行瓦斯的抽采与驱替,不适合煤层气的开发。

光亮Ⅳ型煤(孔体积为 0.002564 cm^3/g,比表面积为 0.4449 m^2/g)在中高阶煤中属于较低范畴,在小孔区域内实现峰值,且小孔及以上阶段孔体积曲线的变化率大于比表面积曲线的变化率,说明该型煤小孔及以上阶段孔结构复杂程度较低,结合液氮吸附脱附曲线及回滞环特征得出该型煤孔隙系统主要以墨水瓶孔为主。该型煤非常适合瓦斯气体的存储、扩散,虽然孔体积和比表面积处于较低阶段,但是因为孔隙结构以孔径 10 nm 以上结构简单孔为主,故可进行瓦斯的抽采,且可根据煤层气的赋存总量进行经济的开发。

2.4 中高阶煤孔隙结构的分形特征研究

2.4.1 液氮实验数据的分形维数计算和分析

伯努瓦·曼德勃罗(1973)首次提出"分形"一词,原意是部分与整体以某种形式相似的形。[64]近年来,"分形热"经久不息,在许多领域都有探索应用。材料分形几何研究领域以分形维数 D 作为"粗糙指数"。理想平滑的表面可以用简单的集合建模,但由于孔道本身的原因以及在应力之下的扭曲、错位和缺陷,真正的孔道表面是粗糙的,研究孔道表面的粗糙程度需要细分。孔道表面总体不规则,但在不同尺度上看,它们的表面有类似性,这些表面被称作分形,它们的大小和 A^D 成正比,其中 A 是未知吸附材料的特征尺寸,分形维数 D 成为表征孔道特征的重要参数,D 有两个极端值,D 为 2 表示孔道完全光滑,D 为 3 表示孔道完全粗糙。[65]

弗伦克尔(Frenkel)、哈尔西(Halsey)和希尔(Hill)研究提出 FHH 分形维

数计算模型,是处理气体分子在分形介质表面发生吸附时的计算模型。FHH模型的数学表达式为:

$$\ln\left(\frac{V}{V_0}\right) = F + H\left[\ln\left(\frac{V}{V_0}\right)\right] \tag{2-3}$$

式中,V 为平衡压力下吸附的气体吸附体积,V_0 为单分子层吸附气体体积,F 为常数,H 为系数,F、H 的大小与吸附机理和材质分形有关。[66]

很多专家学者对分形维数计算模型进行研究,提出优化后的可用于煤样液氮吸附解吸实验研究的分形维数分析公式如下:

$$\ln V = K\left[\ln\left(\ln\frac{P_0}{P}\right)\right] + C \tag{2-4}$$

式中,V 和式(2-3)中意义相同,为平衡压力下液氮的吸附量;P_0 为氮气的饱和蒸汽压;P 为氮气吸附平衡时的压力;K 为拟合直线的斜率;C 为常数。

在曲线拟合分析时,不同的学者基于不同的研究角度有不同的区间划分方法。刘彦伟等基于其获得的吸附曲线和解吸曲线闭口区域将分析区间划分为 $P/P_0 < 0.1$ 阶段和 $P/P_0 > 0.1$ 阶段,得到低压段分形维数普遍大于高压段分形维数的结论。[67]张少峰等将分析区间划分为 $P/P_0 < 0.5$ 阶段和 $P/P_0 > 0.5$ 阶段,得到煤体瓦斯吸附特性与煤表面分形显著相关的结论。[68]考虑在不同相对压力区间赋存机理不同,以 $P/P_0 = 0.4$ 进行分区,制图分析计算分形维数值,如图 2.14 所示。

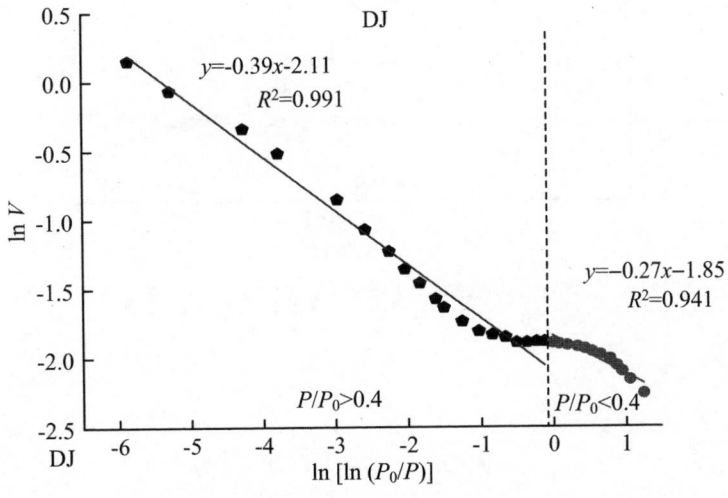

图 2.14　中高阶煤的 FHH 模型曲线拟合分析

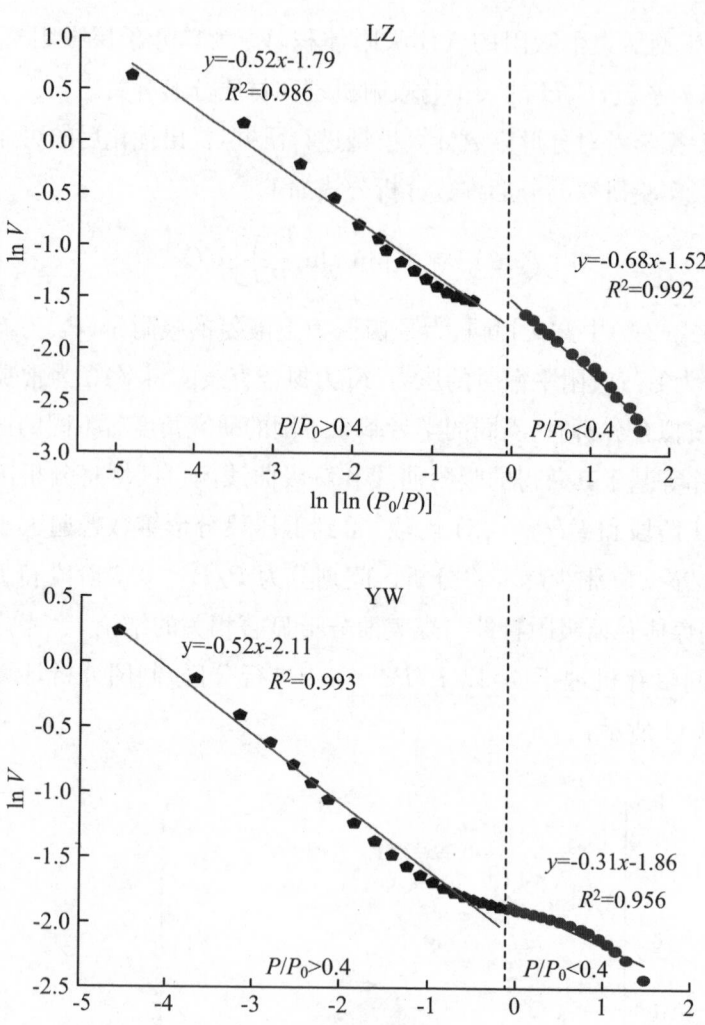

续图 2.14　中高阶煤的 FHH 模型曲线拟合分析

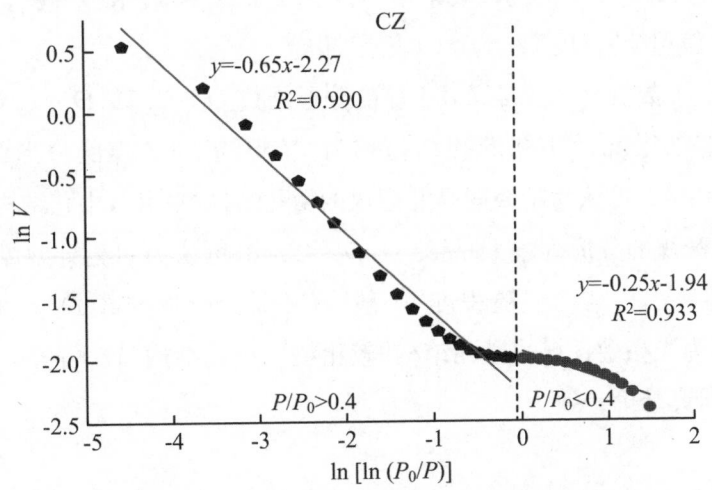

续图 2.14　中高阶煤的 FHH 模型曲线拟合分析

应根据吸附过程中的不同机理作用阶段进行区间划分,当相对压力 $P/P_0 >$ 0.4 时,持续的多层吸附伴随着毛细凝聚过程。毛细凝聚时在孔中被吸附氮气随着分压比的增高转化为近似液体,这也是脱附时形成回滞环闭合的关键作用点,因此本文中相对压力 $P/P_0 = 0.4$ 被设为分形维数计算分析的区间分界点。分别对区间内散点数据进行拟合分析,得到拟合计算结果如表 2.4 所示。

表 2.4　中高阶煤的分形维数分区计算

样品编号	相对压力 $P/P_0 \in (0,0.4)$				相对压力 $P/P_0 \in (0.4,1)$			
	$y = k_1 x + C_1$	K_1	D_1	R_1^2	$y = k_2 x + C_2$	K_2	D_2	R_2^2
DJ	$y = -0.27x - 1.85$	-0.27	2.73	0.941	$y = -0.39x - 2.11$	-0.39	2.61	0.991
LZ	$y = -0.68x - 1.52$	-0.68	2.32	0.992	$y = -0.52x - 1.79$	-0.52	2.48	0.986
YW	$y = -0.31x - 1.86$	-0.31	2.69	0.956	$y = -0.52x - 2.11$	-0.52	2.48	0.993
CZ	$y = -0.25x - 1.94$	-0.25	2.75	0.933	$y = -0.65x - 2.27$	-0.65	2.35	0.990

在拟合的各个区间,拟合曲线的相关系数均大于 0.90,且 5 成在 0.990 以上,说明实测煤的孔隙分布符合分形特征且拟合度较好。但未取得低压段分形维数大于高压段分形维数的规律性结论,如 LZ 煤低压区间(相对压力 $P/P_0 <$ 0.4)的分形维数 D_1 小于高压区间(相对压力 $P/P_0 > 0.4$)的分形维数 D_2,和周三栋等得到的分形结论一致。

基于分形维数的数值意义,将分形维数数值为 2(代表"完全平滑")至分形维数数值为 3(代表"完全粗糙")的中间值划分为 5 个区间段:$D \in (2,2.2)$ 表示

"平滑",$D \in (2.2, 2.4)$ 表示"较平滑",$D \in (2.4, 2.6)$ 表示"一般",$D \in (2.6, 2.8)$ 表示"较粗糙",$D \in (2.8, 3.0)$ 表示"粗糙"。

根据以上数值分区及含义,DJ 煤的分形维数 $D_1 = 2.73$,$D_2 = 2.61$,可认为暗淡Ⅰ型煤的微孔及小孔的孔结构均为"较粗糙";LZ 煤的分形维数 $D_1 = 2.32$,$D_2 = 2.48$,可认为暗淡间亮Ⅱ型煤的微孔结构"平滑",小孔结构平滑程度"一般";YW 煤的分形维数 $D_1 = 2.69$,$D_2 = 2.48$,可认为间亮Ⅲ型煤的微孔结构"较粗糙",小孔结构粗糙程度"一般";CZ 煤的分形维数 $D_1 = 2.75$,$D_2 = 2.35$,可认为光亮型Ⅳ煤的微孔结构"较粗糙",小孔结构"较平滑"。计算结果和前文的研究结论一致。

2.4.2　压汞实验数据的分形维数计算和分析

综合运用门格(Menger)海绵构造理论和沃什伯恩(Washburn)方程求解基于压汞实验结果的结构分形维数。

$$\lg V_c = (D-2)\lg(1/r) + C \tag{2-5}$$

式中,V_c 为累计进汞量,D 为分形维数,r 为孔径,C 为常数。

根据实验结果进行计算,作不同煤样、不同孔径区间 $\lg V_c$ 和 $\lg(1/r)$ 的对数关系图,如图 2.15 所示。

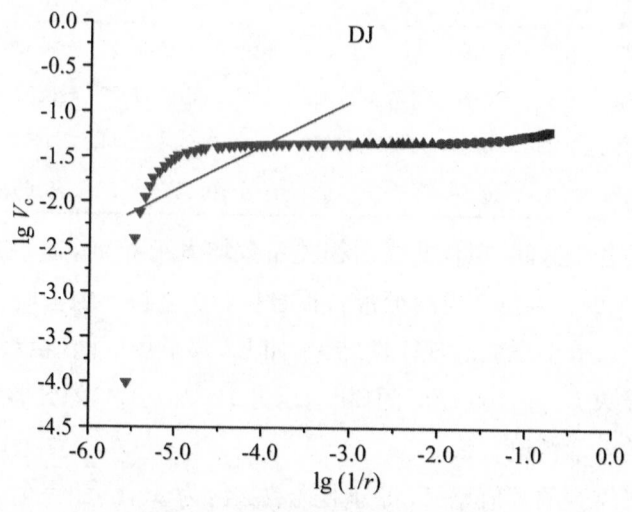

图 2.15　压汞实验分形维数计算图

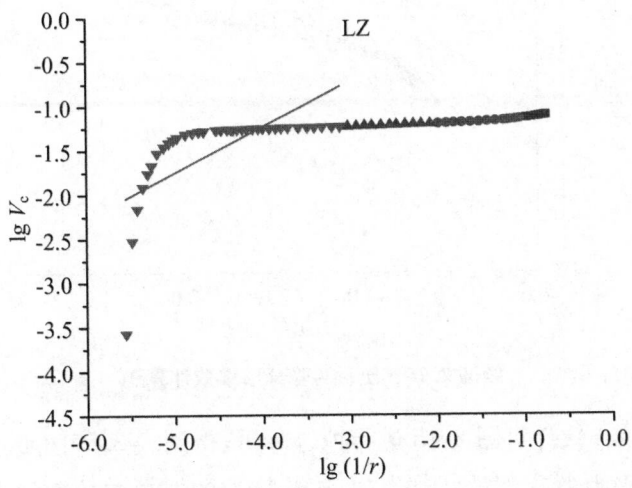

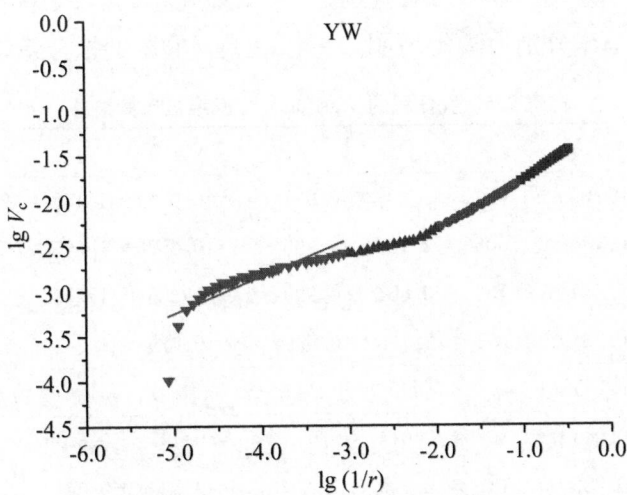

续图 2.15 压汞实验分形维数计算图

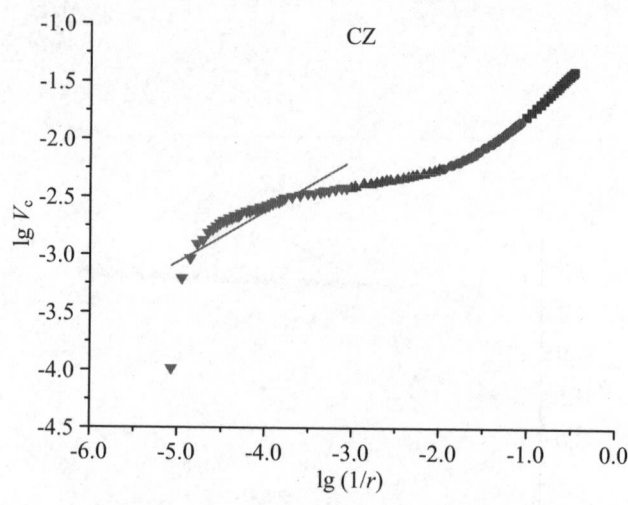

续图 2.15 压汞实验分形维数计算图

使用 Origin 软件对图 2.15 进行拟合分析,得到表 2.5 中的分析数据。Y_1、Y_2、Y_3、Y_4 分别为微孔、小孔、中孔、大孔及裂隙的双对数函数散点图的拟合趋势线公式,D_1、D_2、D_3、D_4 分别为微孔、小孔、中孔、大孔及裂隙的计算分形维数,R_1^2、R_2^2、R_3^2、R_4^2 分别为微孔、小孔、中孔、大孔及裂隙的拟合趋势线相关系数。

表 2.5 孔体积的 Washburn 分形维数计算结果

型号	Y_1	D_1	R_1^2	Y_2	D_2	R_2^2
DJ	$y=0.205x-1.057$	2.205	0.987	$y=0.072x-1.198$	2.072	0.967
LZ	$y=0.138x-1.006$	2.128	0.995	$y=0.057x-1.095$	2.057	0.983
YW	$y=0.651x-1.136$	2.651	0.999	$y=0.536x-1.263$	2.536	0.999
CZ	$y=0.736x-1.051$	2.736	0.999	$y=0.479x-1.341$	2.479	0.994

型号	Y_3	D_3	R_3^2	Y_4	D_4	R_4^2
DJ	$y=0.014x-1.308$	2.014	0.973	$y=0.497x+0.613$	2.497	0.588
LZ	$y=0.029x-1.145$	2.029	0.998	$y=0.520x+0.844$	2.520	0.621
YW	$y=0.241x-1.887$	2.241	0.971	$y=0.412x-1.189$	2.412	0.832
CZ	$y=0.150x-1.966$	2.150	0.994	$y=0.442x-0.858$	2.442	0.775

DJ 煤的分形维数分别为 $D_1=2.205$、$D_2=2.072$、$D_3=2.014$、$D_4=2.497$,LZ 煤的分形维数分别为 $D_1=2.128$、$D_2=2.057$、$D_3=2.029$、$D_4=2.520$,YW 煤的分形维数分别为 $D_1=2.651$、$D_2=2.536$、$D_3=2.241$、$D_4=2.412$,CZ 煤的分形维数分别为 $D_1=2.736$、$D_2=2.479$、$D_3=2.150$、$D_4=2.442$。微孔区间四

种煤的拟合趋势线相关系数分别为 0.987、0.995、0.999、0.999,拟合相关系数均高于 0.95,说明微孔区间拟合度好。小孔区间四种煤的拟合趋势线相关系数分别为 0.967、0.983、0.999、0.994,拟合相关系数均高于 0.95,说明小孔区间拟合度好。中孔区间四种煤的拟合趋势线相关系数分别为 0.973、0.998、0.971、0.994,拟合相关系数均高于 0.95,说明中孔区间拟合度好。大孔及裂隙区间四种煤的拟合趋势线相关系数分别为 0.588、0.621、0.832、0.775,所有数值均小于 0.90,有一个参数在 0.65 以下,说明该区间拟合度较差,分析原因认为在大孔和裂隙阶段孔径变化绝对值大,放在同一个区间计算直线斜率有一定误差,研究将其划归为同一区域进行分析是因该区间是瓦斯扩散和渗流的主要空间,DJ、LZ、YW、CZ 煤的瓦斯累计进汞退汞图也显示该区域内进汞及退汞的变化率最大,因此基于实践研究需要将大孔及裂隙区间合并分析。

由四种煤样的分形维数分析数据可见,两种中阶煤的分形维数呈现先降低再升高的特征,且大孔及裂隙区间段的分形维数高于微孔区间段的分形维数,这验证了阶段进汞曲线中两段出现峰值的现象,且大孔及裂隙区间段出现全区间最高峰值,出现高峰频率也大于其他区间段,说明中阶煤的大孔和裂隙是瓦斯赋存的主体空间。高阶煤的分形维数分布与中阶煤的分形维数分布的共同特征是两段大、中间小,即微孔、小孔、大孔及裂隙区间的分形维数高于中孔区间的分形维数,与中阶煤的分形维数分布不同的是,高阶煤小微孔阶段的分形维数大于大孔及裂隙阶段的分形维数,这个结果和高阶煤的中小微孔阶段进汞曲线特征相符合,说明高阶煤中小微孔是瓦斯赋存的主体空间。在不同煤阶煤的对比中,中阶煤的小微孔分形维数均小于高阶煤的小微孔分形维数,中阶煤的大孔及裂隙阶段分形维数与高阶煤的大孔及裂隙阶段分形维数近似,说明高阶煤小微孔孔隙结构非常复杂。

分形维数的计算将孔隙结构特征的分析从定性分析转向定量计算有其重要意义。分形特征评价区间的划分明确实用,方便科研人员和工程人员快速依据评价结果作出判断处理。分形表征以其明确的数字定义和强大的几何表征成为了研究热点,但煤的瓦斯赋存机理与煤的孔隙结构、煤的分形表征之间的相互关系仍不明确。不同专家学者基于不同研究视角得出了不同的研究结论,个别结论间有矛盾冲突,可见本质规律性的探究需要进一步的实验样本数据支撑,这将是下一步研究的重点。

第3章 煤的瓦斯赋存机理研究

3.1 煤的瓦斯赋存研究现状分析

瓦斯是生成并赋存于煤中的气态地质体。[69]赋存形态分为主体形态的吸附态和次要形态的游离态与溶解态。三种煤的瓦斯赋存形式占比比例是煤对瓦斯吸附能力的表征,也是研究瓦斯在煤中扩散与渗流行为的基础。研究煤的瓦斯赋存机理并建立煤的瓦斯赋存能力量化模型具有重要意义。

吸附的本质是固体表面分子由于表面能的失衡而吸附周围空气中气体分子进行势能平衡的过程。[70]吸附按照气体分子在固体表面作用的机理不同可以分为物理吸附和化学吸附。将范德华力为分子间作用力定义为物理吸附,将化学键为分子间作用机制定义为化学吸附(图 3.1)。本质区分是有无新的化学键生成和旧的化学键断裂。[71]

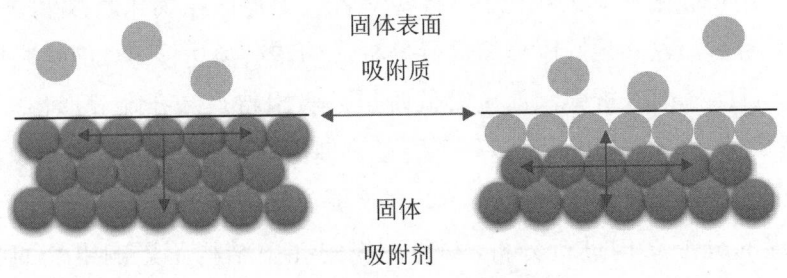

图 3.1　吸附原理示意图

瓦斯的主要成分是甲烷(CH_4),甲烷分子主要以正三角锥方式吸附在煤体表面。吸附作用力由失衡的表面自由能引起,可以通过分析煤表面自由能的改变大小来讨论煤的瓦斯吸附能力强弱。[72]甲烷吸附势阱最稳定时为-19.06 kJ/mol,吸附势阱有效距离为 0.32 nm。[73]甲烷分子被煤体表层吸附时,必须损失自身具有的部分能量才能进入煤体表层,导致势垒降低,说明吸附产生放热反应;甲烷分子从煤体表面脱附时,必须获得能量才能发生解吸,导致势垒升高,说明脱附产生吸热反应。[74]

19 世纪 50 年代以来,煤的瓦斯吸附理论研究已经取得显著成果,上文结论是已取得的煤的瓦斯赋存方面的共识性研究成果,并已应用在煤层瓦斯抽采治理和煤层气开发利用实践中。但煤层瓦斯赋存机能受其物理结构和化学组成双重制约,煤的物理化学结构形成长久复杂,与成煤环境、地质结构、煤岩特性、水文地质条件等因素密切相关,因此,完全认识煤的瓦斯赋存机理并形成定量分析模型有很大难度,且煤层瓦斯赋存研究必须和生产实践相结合,实践条件区别于实验室条件,实时变化的因素增加了研究的复杂度和困难度。

有些学者定性瓦斯在煤体的赋存为单分子层吸附:克拉克森(Clarkson)、巴斯廷(Bustin)等(1997)认为煤对甲烷分子的吸附属于物理吸附且为单分子层吸附。[75]朱庆忠、孟召平等(2016)对沁南区块 72 组煤样进行等温吸附方程,使用朗格缪尔模型作为分析吸附特性和预测含气量的工具。[76]陈结、潘孝康等(2018)通过自建三轴应力下的煤对吸附气体变形模型研究发现硬煤和软煤对甲烷气体的吸附曲线均符合朗格缪尔方程。[77]李树刚、赵波等(2019)将朗格缪尔模型拟合曲线相似性作为筛选吸附材料的标准,认为屯堡矿煤样吸附属于单分子层吸附。[78]吕乾龙、刘伟等(2019)使用朗格缪尔模型和$Q\sqrt{t}$式对不同变质程度的无烟煤对不同吸附质的吸附进行拟合,得到拟合效果好且二氧化碳吸附速率大于甲烷吸附速率的结论。[79]有些学者认为瓦斯在煤孔隙以多分子层吸附形态赋存并应用多层吸附模型进行分析：伏海蛟、汤达祯等（2016）联用 BET 模型和 FHH 模型分析中国西山窑低阶煤的吸附特点和孔隙分形特征；[80]魏强、李贤庆等（2019）使用基于多分子层吸附理论的 BET 模型对淮南煤田潘集深部煤的瓦斯吸附机理进行研究，发现微孔是瓦斯吸附的主体场所，使用 FHH 模型对煤的分形结构进行分析，发现不规则孔隙结构不影响甲烷的吸附性能。[81]有些学者认为微孔是瓦斯在煤中赋存的主要场所，微孔填充模型比其他模型更能说明瓦斯在煤中实际吸附机理：毋亚文、潘结南（2017）利用四种不同煤阶煤样对基于单层吸附理论的朗格缪尔模型和基于微孔填充理论的 D-R 模型的拟合效果进行对比，得出 D-R 模型拟合结论和实际数据更为接近的结论；[82]杜志刚、黄强等（2020）指出纳米级及微米级孔隙结构分布在不同煤阶煤的吸附中的重要作用，通过研究认为在微孔径孔中，瓦斯气体分子通过填充微孔方式赋存在煤层中，而不是扩散运移方式，随煤阶的升高，纳米级及微米级孔隙占比增大，煤的赋存能力随之增大。[83]有些学者认为瓦斯在煤的赋存形态的变化是个实时动态的过程，应根据内外部条件实际分析：宋昱、姜波等（2017）系统分析了超临界条件下甲烷吸附低中煤级构造煤的赋存机理，通过研究认为随着构造变形的增强，吸附由单分子层不饱和吸附转化为单分子层饱和吸附再转变为多分子层吸附，分类构建基于单分子层吸附研究的Ⅰ类模型、基于多分子层吸附研究的Ⅱ类模型和基于吸附势能研究的Ⅲ类模型，并就原生煤、碎裂煤、碎斑煤、片状煤、鳞片煤、揉皱煤、糜棱煤的不同适用模型和拟合偏差作出分析；[84]王晖、孙龙（2018）通过对沁水煤田赵庄煤样的研究提出低温低压区煤的甲烷吸附为单分子层吸附，高温高压区煤的甲烷吸附为多分子层吸附。[85]另有学者认为瓦斯在煤中赋存运移过程应采用其他科学理论分析：安丰华、程远平等（2013）认为煤与瓦斯相互作用的复杂性是建立定量分析的壁垒，瓦斯通过双重孔隙通道在煤中发生运移，不能简单地以一种赋存形式定义煤对瓦斯的吸附，提出通过煤基质与甲烷气体分子微距离的远近形成势能大小而决定的吸附机理，并在解吸过程中验证提议。[86]

综上可见，目前对煤的瓦斯赋存机理的研究主要是借鉴材料吸附科学学科中的研究方法和数学模型，缺乏针对煤的瓦斯赋存全方位特点的系统化研究。工程技术类人员和研究人员较多沿用朗格缪尔方程，主要是因为方程形式简单，应用方便快速，具有明确的理论意义，虽具有一定的实际误差但也能满足实践应用需求。然而,煤的瓦斯赋存研究具有重大的理论研究价值和实践经济意义,有必要对赋存机理和数学模型及其适配性问题进行深入研究。煤的瓦斯赋存机理及应用模型争议问题整理如下:(1) 煤对瓦斯的吸附是基于何种机理的吸附,是基于化学吸附机理的单分子层吸附还是基于物理吸附机理的多分子层吸附,或是在接触面上发生化学键改变的单分子层吸附且同时在该层分子层上由于势能的改变继续发生多分子层物理吸附;(2) 如果既有物理吸附又有化学吸附,那么这两种吸附方式发生时间上的前后顺序如何划分,以及这两种吸附方式在吸附量上的计算模型如何划分;(3) 吸附中有无微孔填充反应,如果有,它的发生顺序如何界定,发生量如何计算;(4) 吸附中有无毛细管凝结反应,如果有,它的发生顺序如何界定,发生量如何计算;(5) 如果吸附全过程中有基于多种不同机理的吸附反应发生,定量分析中是否可以使用基于主体吸附量机理的模型进行统一运算。

3.2　实验煤样制备和实验系统改进

煤样与瓦斯的吸附实验用于研究煤的瓦斯赋存能力与瓦斯压力之间的相互关系。一般采用静态吸附法进行分析,即通过一定的实验方法使煤与瓦斯在真空系统中达到吸附平衡后再测量相关数值并研究其关系。静态吸附实验方法可分为质量测试法和容量测试法,因为吸附气体选用甲烷,吸附甲烷气体总质量比实验样品管质量小,所以为降低实验误差一般选用容量测试法。

实验仪器选用深部煤矿采动响应与灾害防控国家重点实验室的贝士德 BSD-PH 全自动高压气体吸附解吸分析仪。可实现实验压力控制范围为高真空至 20 MPa,实现实验温度控制范围为 $-196 \sim 900$ ℃。仪器内部为全恒温设计,为提升实验温控的精确性,加装恒温水浴(含恒温水槽与水浴样品放置罐)。优化后的实验仪器系统如图 3.2 所示。

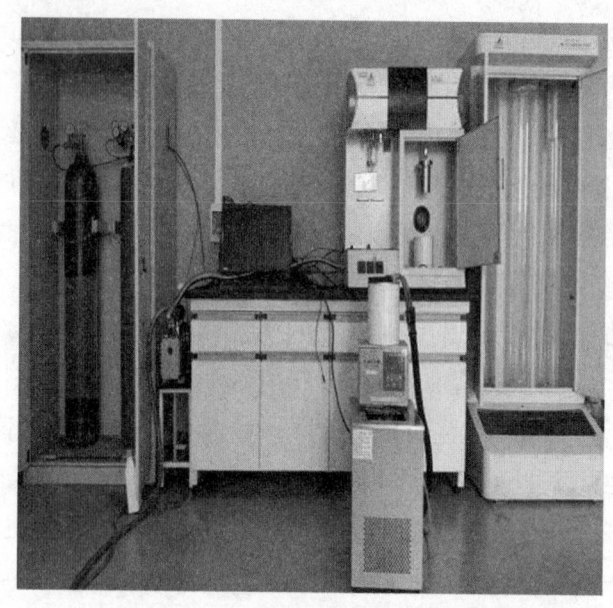

图 3.2　优化后的煤对瓦斯赋存实验仪器系统

　　煤层瓦斯赋存实验样本采用平衡水煤样,已有研究证明水分的存在会降低煤的瓦斯吸附量。朱伯特(1973)通过研究提出,在未达到临界水分前,煤层中水分的增加会降低煤的瓦斯吸附量,在达到临界水分后,煤的瓦斯吸附量不再随煤层中水分的变化而发生明显改变。朱伯特(1974)等认为临界水分即平衡水分,煤的瓦斯吸附实验应采用平衡水煤样,以利于最大程度模拟原地煤层条件。实验执行标准采用《煤的高压等温吸附实验方法》国家标准(GB/T 19560—2008)。实验选用的 4 组煤样为采选自工作面的新鲜煤岩,在工作室去除外层后用小型碎煤机进行破碎,按照《煤样筛分试验方法》(GB/T 477—2008)进行不同目数的筛选后,使用电子天平称重 120 g 装入样品管。将样品管置于恒温水浴,设置恒温水浴温度为 60 ℃并进行抽真空处理。因进行实验的甲烷气体为易燃易爆气体,实验需进行两次气密性测试,第一次测试是在样品脱气开始时,计算机程序会自动检测系统气密性;第二次测试是在甲烷气体将进入实验系统前,计算机程序以弹窗形式提醒检测系统气密性,需实验操作员手持高精度可燃气体检测器进行实验系统气密性复查,系统检测和人工检测均通过后实验方可继续进行。等温吸附实验的系统环境温度设置为 30 ℃。煤样的瓦斯等温吸附解吸实验测得 4 种煤样在不同压力下的吸附量,如表 3.1所示。

表 3.1　静态等温甲烷吸附实验数据

DJ		LZ		YW		CZ	
绝对压力 P(MPa)	吸附量 V(cm³/g)	绝对压力 P(MPa)	吸附量 V(cm³/g)	绝对压力 P(MPa)	吸附量 V(cm³/g)	绝对压力 P(MPa)	吸附量 V(cm³/g)
0.80	6.02	0.75	7.10	0.48	11.79	0.36	12.66
1.68	9.20	1.64	10.71	1.38	18.83	1.23	20.67
2.61	10.79	2.55	13.46	2.38	22.61	2.31	25.15
3.32	13.52	3.26	15.87	3.17	25.04	3.19	27.73
3.98	14.77	3.91	17.62	3.91	26.66	3.90	29.08
4.74	16.37	4.64	18.62	4.56	27.87	4.68	30.04
5.50	17.50	5.49	19.71	5.36	28.96	5.50	30.59

3.3　煤的瓦斯极限赋存能力实验研究

使用静态等温甲烷吸附实验数据绘制等温吸附曲线图并拟合计算极限吸附量。绘制曲线如图 3.3 所示。

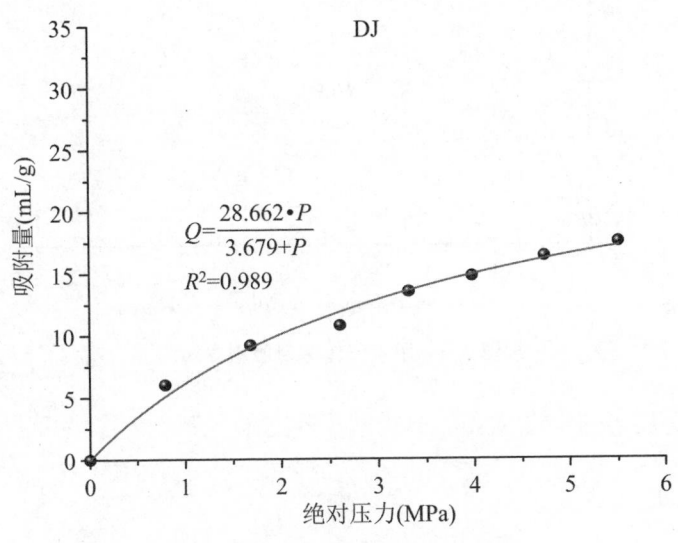

图 3.3　甲烷气体等温吸附曲线图

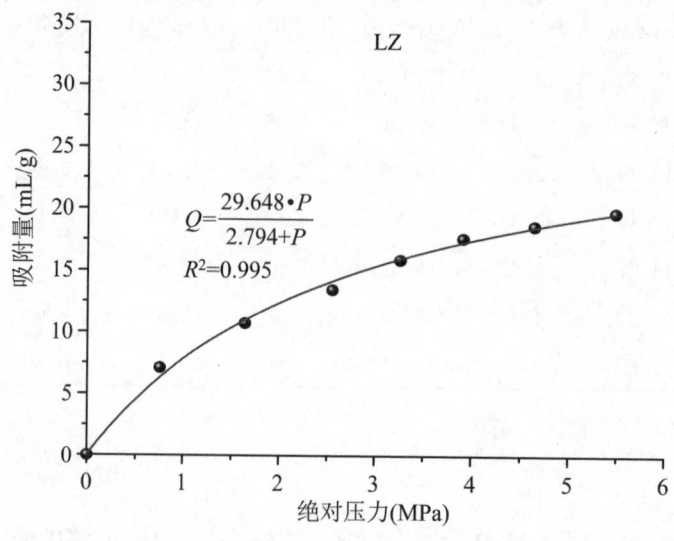

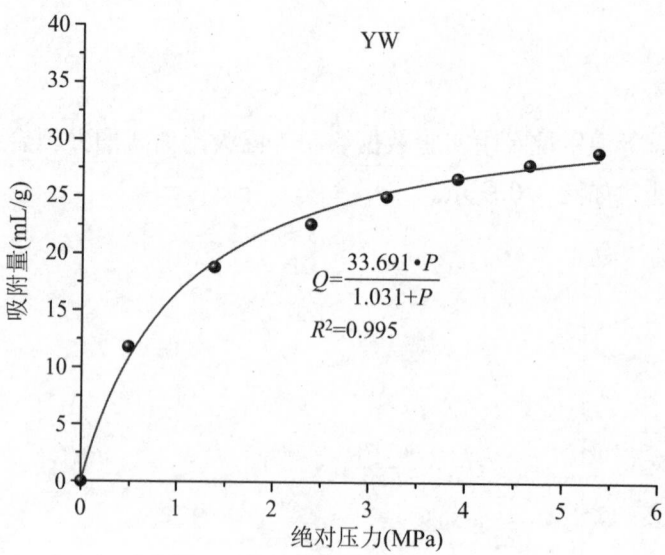

续图 3.3 甲烷气体等温吸附曲线图

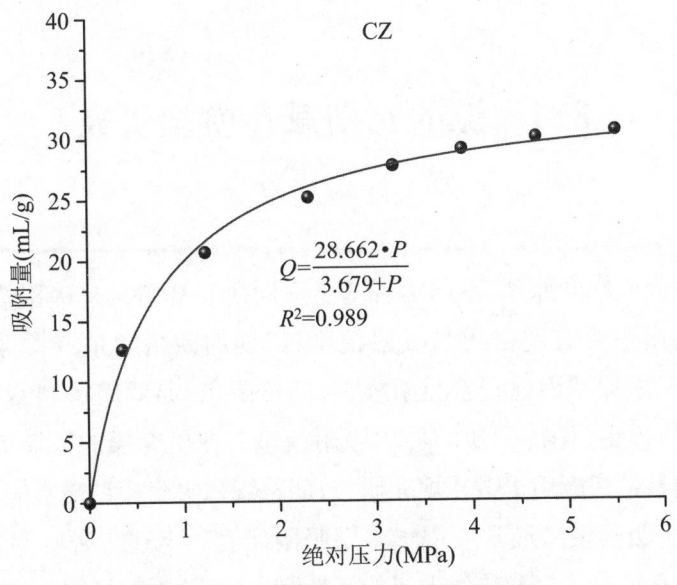

续图 3.3　甲烷气体等温吸附曲线图

由图 3.3 可见,高阶煤的瓦斯吸附曲线上涨趋势较中阶煤的上涨趋势更为明显,考察各相近压力点的吸附量,高阶煤的吸附量大于中阶煤的吸附量。

根据等温吸附曲线拟合测定 a、b 值,a 值为朗格缪尔体积,它代表单位质量固体在确定温度下的极限吸附量;b 值为朗格缪尔压力的倒数值,它不仅与 a 值一起表征固体对气体的吸附能力,还能独立表征解吸能力,b 值越大表征单位降压下解吸速度越快、解吸量越大。[87] 吸附常数 a 和吸附参数 b 值整理如表 3.2所示,基于煤的甲烷等温吸附数据的非线性拟合效果较好,相关系数均在 0.98 以上。由计算结果可见,固定温度下,随着煤阶的升高,煤的瓦斯极限吸附量增大,解吸速率加快。

表 3.2　煤样甲烷吸附参数测定结果

煤样	吸附常数 a(mL/g)	吸附参数 b(MPa^{-1})	R^2
DJ	28.662	0.272	0.989
LZ	29.648	0.358	0.995
YW	33.691	0.970	0.995
CZ	34.097	1.401	0.995

3.4 煤的瓦斯赋存模型研究

为探究固气耦合原理,不同学者基于不同研究视角构建吸附模型,目前应用的吸附模型主要有朗格缪尔吸附模型、扩展的朗格缪尔三参数吸附模型、BET吸附模型、弗罗因德利希吸附模型、朗格缪尔-弗罗因德利希经验吸附模型、D-A吸附模型、托特(Toth)经验吸附模型。在研究煤的瓦斯吸附机理中,D-A吸附模型最常应用于微孔填充研究;朗格缪尔吸附模型最常应用于单层吸附研究;BET吸附模型最常应用于多层吸附研究。上述三种吸附模型常被用来解释不同孔径分布多孔介质中煤的瓦斯赋存机理,因朗格缪尔吸附模型简单易用,在可查阅文献中该模型应用频率最高。

1. 朗格缪尔吸附模型

假设吸附发生在煤体表面,吸附类型为单分子层吸附,即煤体表面的每一个吸附位只吸附一个甲烷分子,煤体表面各处的吸附能力相同且吸附质分子之间无相互作用,吸附热为不变常数。当吸附和解吸的速率相等时即达到吸附平衡。马东民(2011)改进朗格缪尔方程式如下:

$$\frac{V}{V_L} = \frac{P}{P + P_L} \tag{3-1}$$

变换表达式为

$$\frac{P}{V} = \frac{P_L}{V_L} + \frac{P}{V_L} \tag{3-2}$$

式(3-2)即为朗格缪尔方程式,可变换为

$$V = \frac{P V_L}{P + P_L} \tag{3-3}$$

式中,V 为瓦斯吸附量,单位 mL/g;P 为吸附平衡压力,单位 MPa;V_L 为朗格缪尔体积,单位 mL/g;P_L 为朗格缪尔压力,单位 MPa。

2. BET模型

假设瓦斯在完全均匀的煤体表面发生多分子层吸附,煤层中地应力造成的

分子层间范德华相互作用力显著发生是多层吸附的直接原因，多层吸附热中第一层吸附热外的各层吸附热数值等于吸附质液化热数值。BET 吸附方程式如下：

$$\frac{V}{V_{\rm B}} = \frac{CP}{(P_0 - P)\left[1 + (C-1)\dfrac{P}{P_0}\right]} \tag{3-4}$$

式(3-4)经过变换为

$$\frac{P}{V(P_0 - P)} = \frac{1}{C \times V_{\rm B}} + \frac{C-1}{C \times V_{\rm B}} \times \frac{P}{P_0} \tag{3-5}$$

式中，V 为瓦斯吸附量，单位 mL/g；$V_{\rm B}$ 为瓦斯的单分子层饱和吸附量，单位 mL/g；P 为吸附平衡压力，单位 MPa；P_0 为瓦斯的饱和蒸汽压力，单位 MPa；C 为常数，与吸附热值大小有关。

3. D-A 模型

全称杜比宁-阿斯塔霍夫吸附方程式，应用前提为吸附质分子直径与吸附剂孔径尺寸相近，因此在吸附势能作用下，吸附剂不但在吸附质表面发生表层吸附，而且会进入吸附质孔隙内发生微孔填充。谢建林(2004)将微孔填充理论和煤对瓦斯的吸附机理相结合，提出适用煤岩分析的 D-A 吸附模型如下：

$$V = V_{\rm D} \times \exp\left\{-A\left[\ln\left(\frac{P_0}{P}\right)\right]^n\right\} \tag{3-6}$$

式(3-6)经变换为

$$\ln V = \ln V_{\rm D} - \left(\frac{RT}{E}\right)^n\left[\ln\left(\frac{P_0}{P}\right)\right]^n \tag{3-7}$$

式中，V 为瓦斯吸附量，单位 mL/g；$V_{\rm D}$ 为最大瓦斯吸附量，单位 mL/g；P 为吸附平衡压力，单位 MPa；P_0 为瓦斯的饱和蒸汽压力，单位 MPa；T 为热力学温度，单位 K；A 为常数，与吸附热值大小有关；R 为气体常数，单位 mol·J；E 为特征吸附能，单位 J/mol。

可依据杜比宁计算公式计算甲烷气体的饱和蒸汽压。

$$P_0 = P_{\rm C} \times \left(\frac{T}{T_{\rm C}}\right)^2 \tag{3-8}$$

依据实验设定，$T = 303.15$ K，$T_{\rm C} = 190.56$ K，$P_{\rm C} = 4.599$ MPa。由式(3-8)可计算实验中甲烷的饱和蒸汽压 P_0 为 11.636 MPa。选取研究煤样进行实验，将四种研究煤样对瓦斯等温吸附实验结果数据分别按照朗格缪尔方程式、BET 方程式和 D-A 方程式的计算要求进行处理，如表 3.3 所示。对表 3.3 中的数据使用软件绘点并拟合计算。

表 3.3　煤样甲烷气体吸附实验结果数据汇整

煤样	P	V	P/V	P/P_0	$P/V(P_0-P)$	$\ln(P_0/P)$	$\ln V$
DJ	0.7931	6.0190	0.1318	0.0682	0.0122	2.6860	1.7949
	1.6816	9.1953	0.1829	0.1445	0.0184	1.9344	2.2187
	2.6051	10.7904	0.2414	0.2239	0.0267	1.4966	2.3787
	3.3195	13.5228	0.2455	0.2853	0.0295	1.2543	2.6044
	3.9818	14.7712	0.2696	0.3422	0.0352	1.0724	2.6927
	4.7398	16.3663	0.2896	0.4073	0.0420	0.8981	2.7952
	5.5072	17.5036	0.3146	0.4733	0.0513	0.7480	2.8624
LZ	0.7526	7.0980	0.1060	0.0647	0.0097	2.7383	1.9598
	1.6373	10.7088	0.1529	0.1407	0.0153	1.9611	2.3711
	2.5530	13.4571	0.1897	0.2194	0.0209	1.5169	2.5995
	3.2598	15.8692	0.2054	0.2801	0.0245	1.2724	2.7644
	3.9110	17.6234	0.2219	0.3361	0.0287	1.0903	2.8692
	4.6425	18.6175	0.2494	0.3990	0.0357	0.9189	2.9241
	5.4865	19.7139	0.2783	0.4715	0.0453	0.7518	2.9813
YW	0.4822	11.7935	0.0409	0.0414	0.0037	3.1836	2.4675
	1.3783	18.8292	0.0732	0.1185	0.0071	2.1332	2.9354
	2.3824	22.6110	0.1054	0.2047	0.0114	1.5860	3.1184
	3.1696	25.0442	0.1266	0.2724	0.0149	1.3005	3.2206
	3.9077	26.6565	0.1466	0.3358	0.0190	1.0912	3.2830
	4.6458	27.8731	0.1667	0.3993	0.0238	0.9181	3.3277
	5.3647	28.9578	0.1853	0.4610	0.0295	0.7743	3.3658
CZ	0.3613	12.6571	0.0285	0.0310	0.0025	3.4722	2.5382
	1.2330	20.6711	0.0596	0.1060	0.0057	2.2447	3.0287
	2.3118	25.1495	0.0919	0.1987	0.0099	1.6161	3.2248
	3.1921	27.7276	0.1151	0.2743	0.0136	1.2934	3.3224
	3.9049	29.0829	0.1343	0.3356	0.0174	1.0919	3.3702
	4.6768	30.0405	0.1557	0.4019	0.0224	0.9115	3.4025
	5.4991	30.5855	0.1798	0.4726	0.0293	0.7495	3.4205

使用 Origin 程序进行数据分析，拟合曲线如图 3.4、图 3.5、图 3.6、图 3.7 所示。

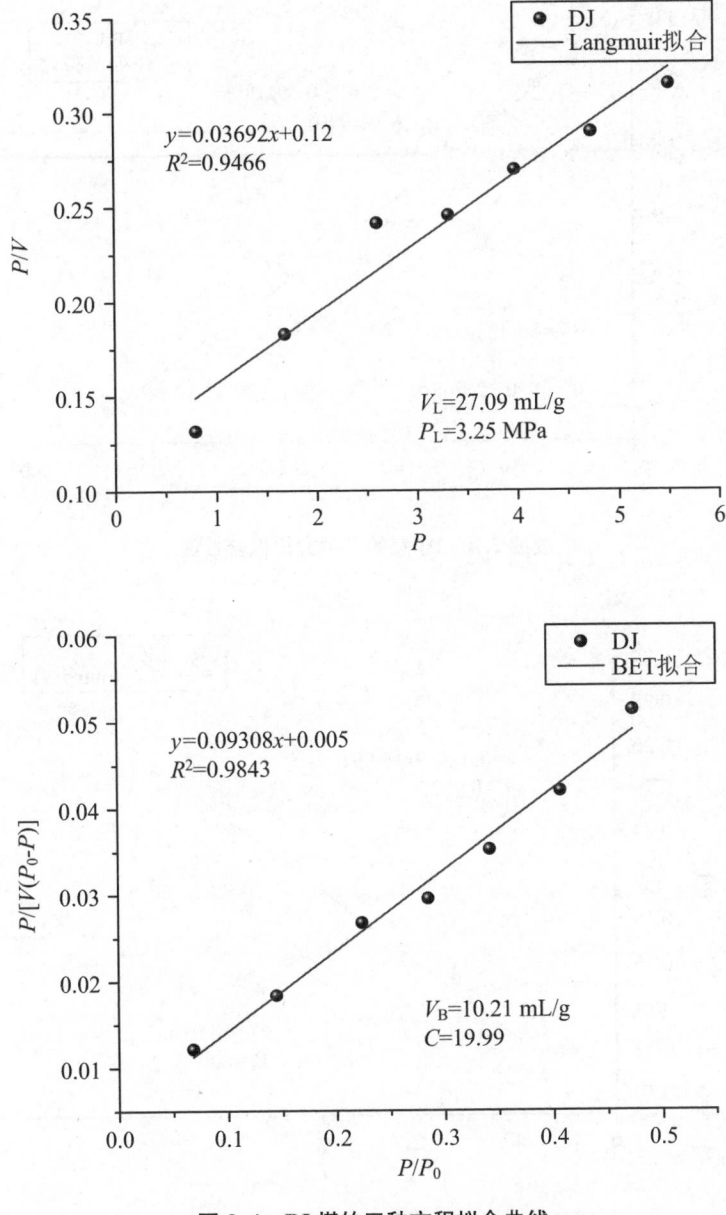

图 3.4 DJ 煤的三种方程拟合曲线

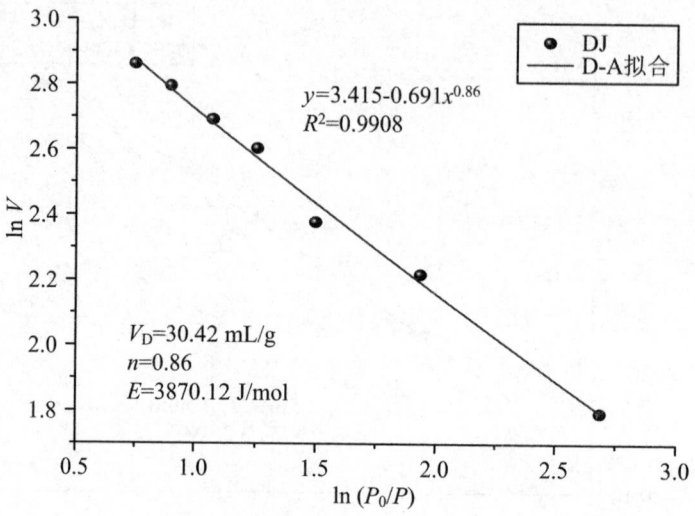

续图 3.4　DJ 煤的三种方程拟合曲线

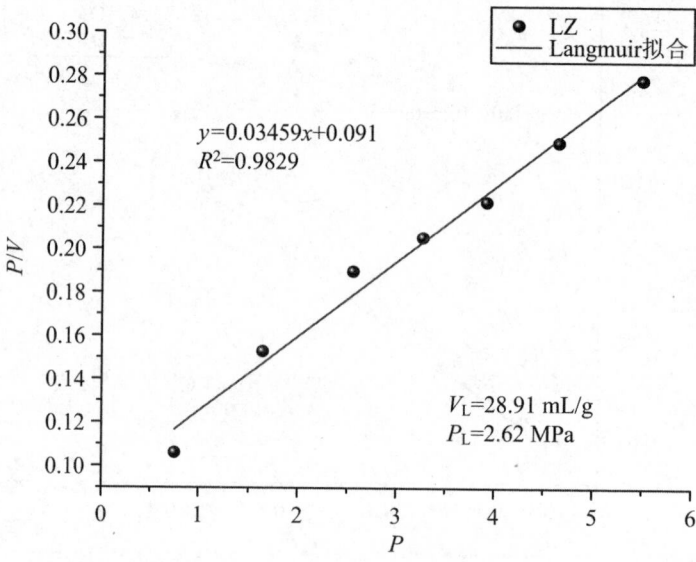

图 3.5　LZ 煤的三种方程拟合曲线

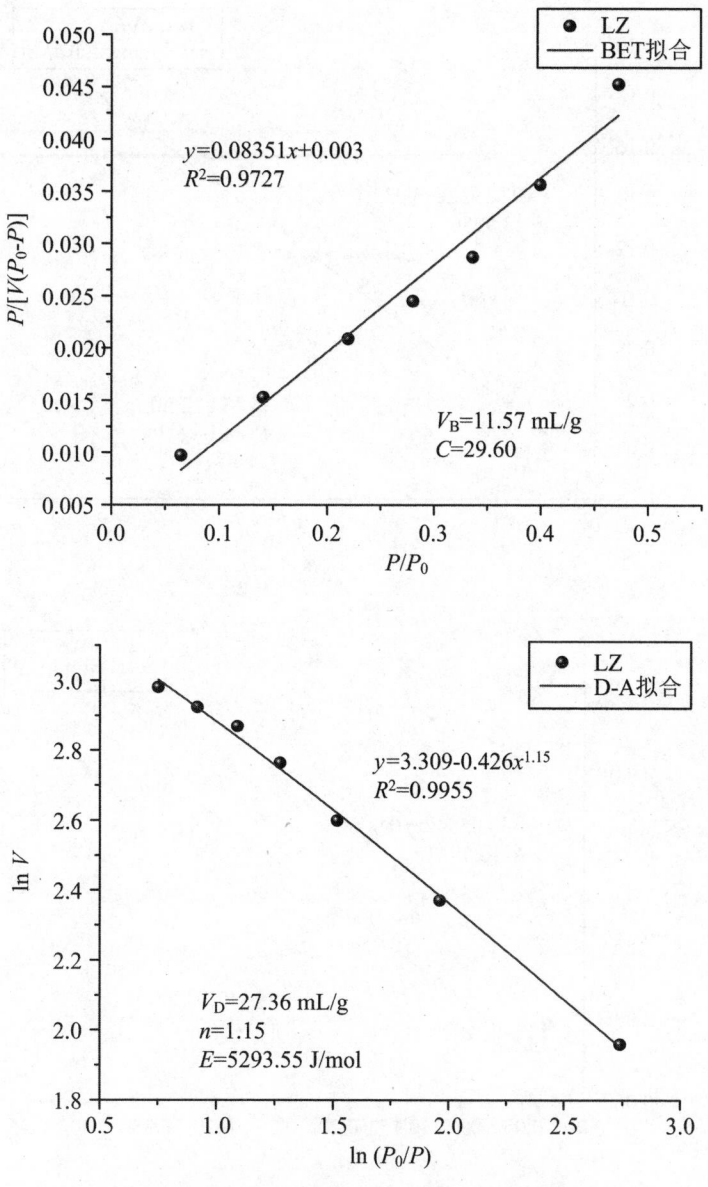

续图 3.5 LZ 煤的三种方程拟合曲线

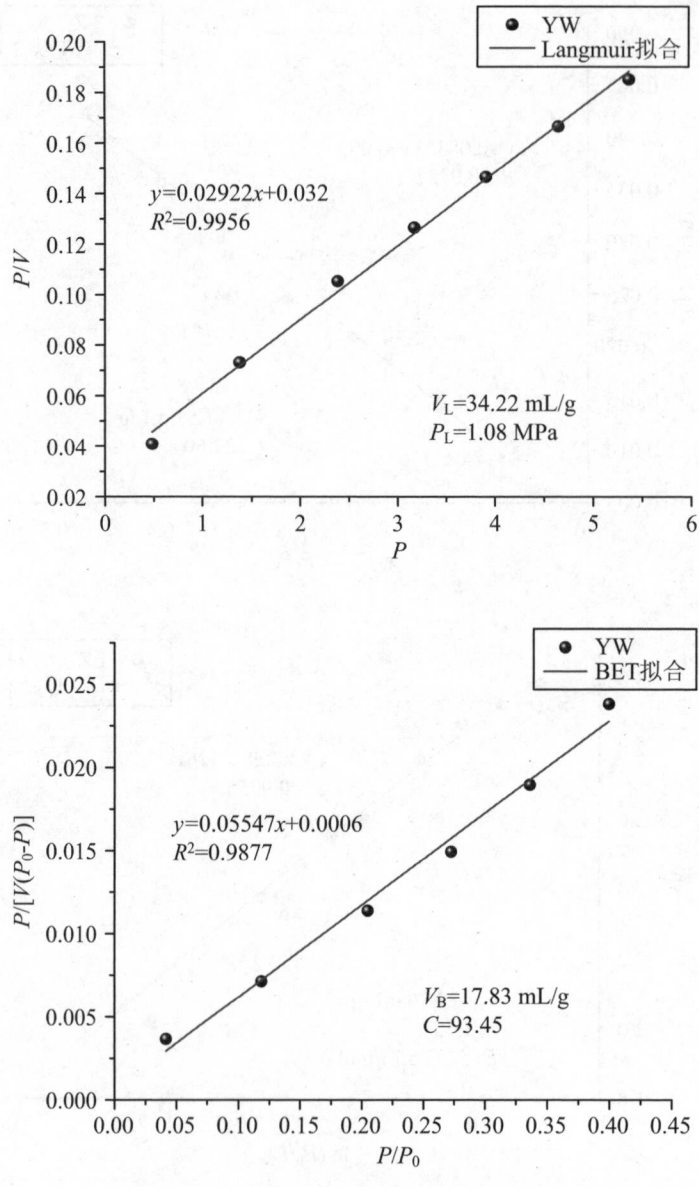

图 3.6　YW 煤的三种方程拟合曲线

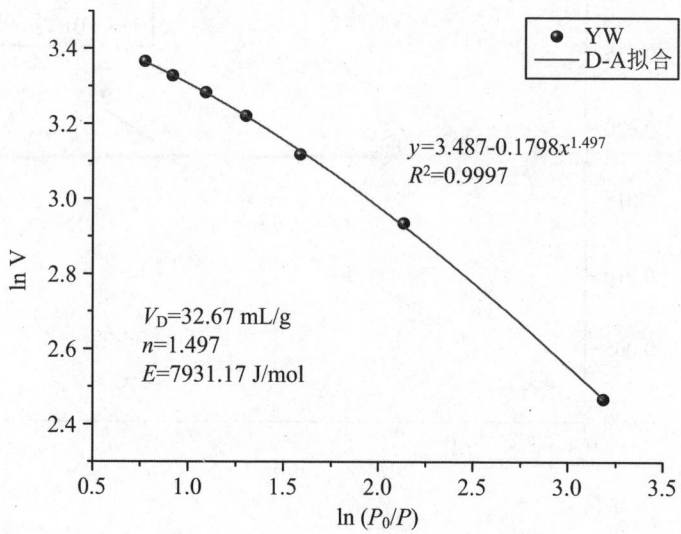

$y=3.487-0.1798x^{1.497}$
$R^2=0.9997$

$V_D=32.67$ mL/g
$n=1.497$
$E=7931.17$ J/mol

续图 3.6　YW 煤的三种方程拟合曲线

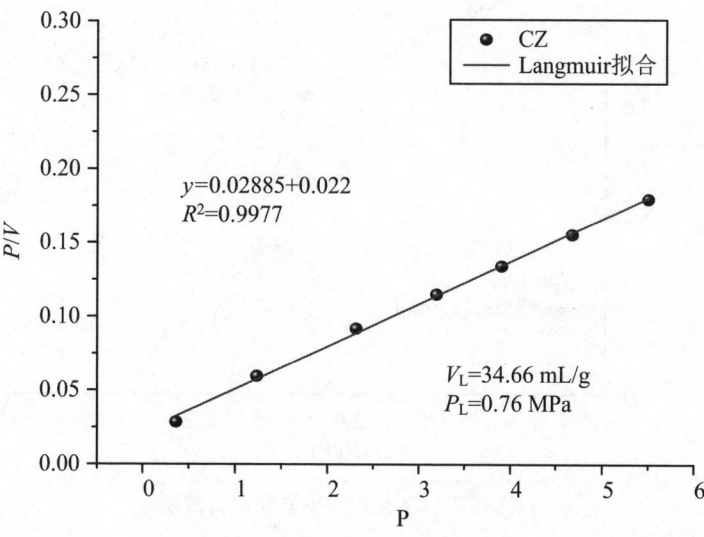

$y=0.02885+0.022$
$R^2=0.9977$

$V_L=34.66$ mL/g
$P_L=0.76$ MPa

图 3.7　CZ 煤的三种方程拟合曲线

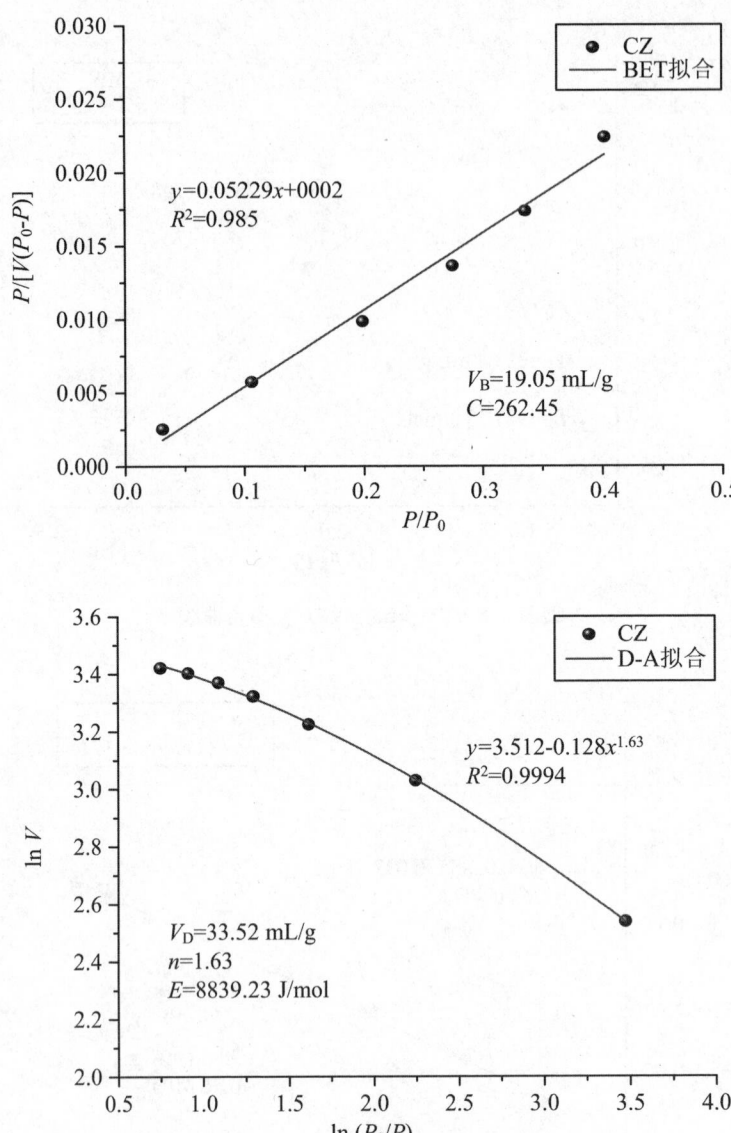

续图 3.7　CZ 煤的三种方程拟合曲线

根据 DJ 煤样、LZ 煤样、YW 煤样和 CZ 煤样的三种方程拟合曲线及相关实验数据,计算模型相关参数,如表 3.4 所示。

表 3.4　模型方程拟合结果表

模型	煤样	相关系数	特征参数
Langmuir 模型 $\dfrac{P}{V}=\dfrac{P_L}{V_L}+\dfrac{P}{V_L}$	DJ	0.9466	$V_L=27.09$ mL/g；$P_L=3.25$ MPa
	LZ	0.9829	$V_L=28.91$ mL/g；$P_L=2.62$ MPa
	YW	0.9956	$V_L=34.22$ mL/g；$P_L=1.08$ MPa
	CZ	0.9977	$V_L=34.66$ mL/g；$P_L=0.76$ MPa
BET 模型 $\dfrac{V}{V_B}=\dfrac{CP}{(P_0-P)\left[1+(C-1)\dfrac{P}{P_0}\right]}$	DJ	0.9843	$V_B=10.21$ mL/g；$C=19.99$
	LZ	0.9727	$V_B=11.57$ mL/g；$C=29.60$
	YW	0.9877	$V_B=17.83$ mL/g；$C=93.45$
	CZ	0.9850	$V_B=19.05$ mL/g；$C=262.45$
D-A 模型 $\ln V=\ln V_D-\left(\dfrac{RT}{E}\right)^n\left[\ln\left(\dfrac{P_0}{P}\right)\right]^n$	DJ	0.9908	$V_D=30.42$ mL/g；$n=0.86$； $E=3870.12$ J/mol
	LZ	0.9955	$V_D=27.36$ mL/g；$n=1.15$； $E=5293.55$ J/mol
	YW	0.9997	$V_D=32.67$ mL/g；$n=1.497$； $E=7931.17$ J/mol
	CZ	0.9994	$V_D=33.52$ mL/g；$n=1.63$； $E=8839.23$ J/mol

由表 3.4 计算各吸附模型对煤的瓦斯赋存能力拟合得到的相关参数,为直观比较不同模型对赋存能力的拟合强弱,计算同模型相关系数的平均值,按照顺序排列为:0.9807、0.982425、0.99635。可认为总体上,D-A 模型比朗格缪尔模型和 BET 模型更适合解释中高阶煤的瓦斯赋存机理。

倒推产生这种结果的原因,D-A 模型的原理基础为微孔填充理论,即甲烷分子以堆积填充的方式存在于微孔之中,而瓦斯吸附的主要聚集地为微孔,因此和实际瓦斯赋存状态相符合的 D-A 模型具有更好的拟合相关系数。对比中阶煤和高阶煤的拟合相关系数,高阶煤的拟合相关性普遍比中阶煤的拟合相关性更优,第 2 章的孔径分布分析中已证明高阶煤的微孔占比高于中阶煤的微孔占比,因此微孔占比更高的高阶煤的 D-A 模型拟合效果最优。

对比表 3.4 中数据发现,被应用得最为广泛的朗格缪尔模型的拟合相关性最差。对比中阶煤的朗格缪尔模型拟合结果和高阶煤的朗格缪尔模型拟合结果,发现中阶煤的朗格缪尔模型拟合相关系数普遍低于高阶煤的朗格缪尔模型拟合相关系数。结合第 2 章孔径分布分析结果,可认为中阶煤平均孔径较大,大孔和裂隙在孔比重中占主要地位,在大孔和裂隙中经历单分子层吸附、多分子层吸附和微孔填充,因此以单分子层吸附为理论基础的朗格缪尔吸附模型对中阶煤的瓦斯吸附拟合效果较差。第 2 章孔径分布分析结果表明高阶煤的微孔在孔隙类型中占比较大,甲烷的有效直径为 0.38 nm,在较小微孔中,发生单分子层吸附可能性较高,所以朗格缪尔模型对高阶煤的吸附分析效果优于对中阶煤的吸附分析效果。

BET 模型的拟合相关性平均系数高于朗格缪尔模型的拟合相关性平均系数,倒推原因为 BET 模型的理论基础是多分子层吸附,多分子层吸附相比单分子层吸附更趋近于煤的甲烷气体分子吸附的实际情况。对比中阶煤和高阶煤的 BET 模型拟合结果,未有明显优劣区分,这可能与在中高阶煤中实际发生的多分子层吸附频次有关,也有可能与高阶煤的调整吸附区间有关。BET 模型拟合的相关系数均低于 0.9,可认为 BET 模型对煤的甲烷分子吸附的拟合效果同比较差。对比模型中参数 V_B 和 C 值的变化,随着煤阶的升高,V_B 和 C 值均增大,说明煤阶的升高增大了煤表层的吸附位,增大了煤表层结构对甲烷分子的吸附能力,吸附热值也随之增大。

D-A 模型的拟合相关系数高于同种煤样的朗格缪尔模型拟合相关系数和 BET 模型拟合相关系数,倒推原因应为煤体对甲烷分子的实际吸附发生方式为微孔填充,微孔填充在发生频率和作用面积上均大于单分子层吸附和多分子层吸附。且 D-A 模型为三参数模型,朗格缪尔模型和 BET 模型为双参数模型,总体而论,三参数模型的拟合效果会优于双参数模型的拟合效果。

3.5 煤的瓦斯赋存模型解构和机理研究

部分学者用煤的孔隙比表面积定量分析孔中瓦斯赋存量,为减少误差,需鉴定瓦斯在煤中占据主体地位的吸附机理。以图 3.8 为例解释误差产生原因:图 A 为在孔径为 0.38 nm 的微孔中,甲烷分子以微孔填充的形式进行瓦斯赋存;如以孔隙比表面积为衡量煤的瓦斯赋存能力的表征依据,则变成图 B,在这种情况下用朗格缪尔计算得到的吸附量将是实际吸附量的 3.5 倍。

煤对甲烷分子的吸附过程中化学键未有改变,属于物理吸附范畴,可用物理吸附机理构建煤对甲烷分子的吸附模型。[88]甲烷的临界温度为−82.6 ℃,等温吸附实验温度为 30 ℃,远高于甲烷的临界温度,不易发生多层吸附。[89]本章中使用基于多分子层吸附机理的 BET 模型对等温吸附曲线进行拟合,计算吸附量与实际吸附量的误差在 44.13%～64.38%,说明不能应用多分子层吸附理论解释煤的瓦斯赋存机理,瓦斯吸附质在煤的孔隙结构赋存方式中仅少量存在多分子层吸附。使用朗格缪尔模型和 D-A 模型对等温吸附曲线进行拟合时,误差在 1.57%～7.72%。值得注意的是,高阶煤的朗格缪尔模型测算吸附量大于实际吸附量,结合前文中的误差分析,认为是高阶煤中微孔占比更高,朗格缪尔模型将实际发生的微孔填充按照单分子层吸附进行计算导致误差。

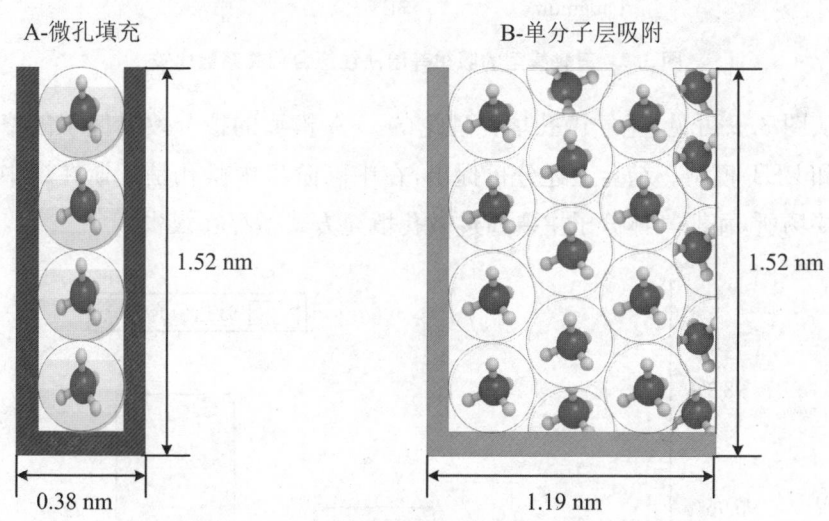

图 3.8　基于不同机理的计算区分示意图

第 2 章中使用压汞实验测得 DJ 煤微孔比表面积占比 73.926%,LZ 煤微孔比表面积占比 71.146%,YW 煤微孔比表面积占比 87.938%,CZ 煤微孔比表面积占比 89.918%。王阳、朱炎铭等(2016)[90],魏迎春、项歆璇等(2019)[91]学者一致认为微孔是煤中瓦斯赋存的主要场所。

分别计算朗格缪尔模型、BET 模型和 D-A 模型对 4 种煤样吸附等温曲线的拟合相关系数,作柱状分析如图 3.9 所示。

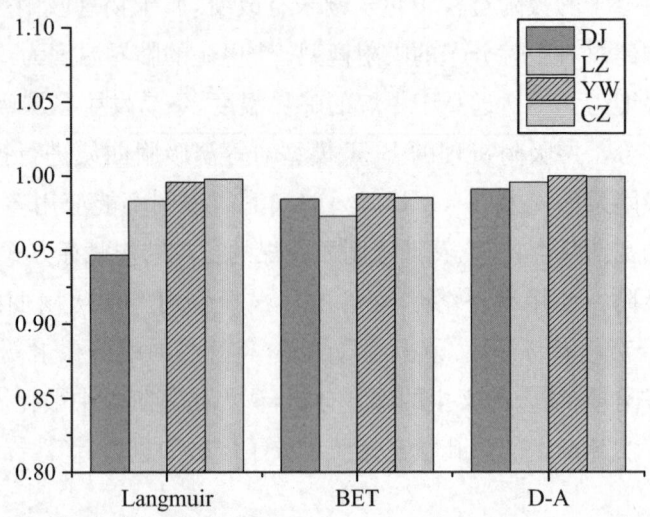

图 3.9　三种模型的吸附等温曲线拟合相关系数比较

从图 3.9 可见,基于微孔填充理论的 D-A 模型的拟合效果优于朗格缪尔模型和 BET 模型。结合上述分析提出,在中高阶煤中微孔是瓦斯在煤中赋存的主要场所,瓦斯气体分子主要通过微孔填充方式赋存在煤中。

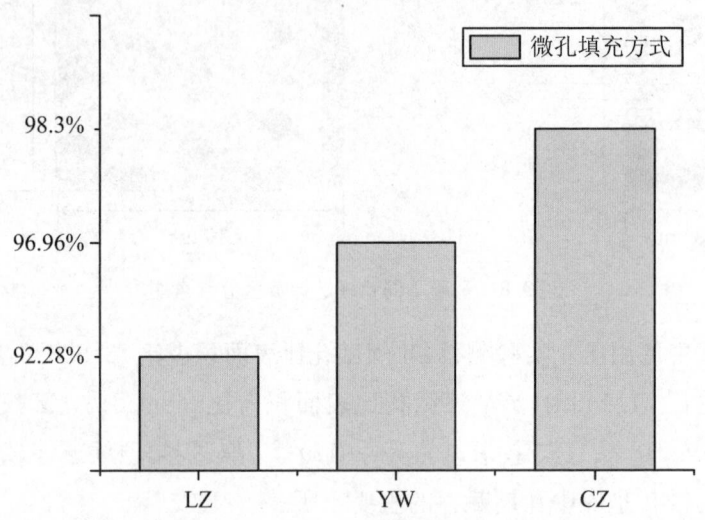

图 3.10　微孔填充方式占总吸附量的比例关系

LZ 煤以微孔填充方式完成的吸附占总吸附量的 94.65%,YW 煤以微孔填充方式完成的吸附占总吸附量的 95.47%,CZ 煤以微孔填充方式完成的吸附占总吸附量的 96.71%,随着煤阶的升高,微孔填充方式在煤的瓦斯赋存方式中占据越来越大的比重(图 3.10)。DJ 煤的 D-A 模型拟合计算得出微孔填充吸附量略大于极限吸附量,课题组讨论出现这种错误的原因可能为 DJ 煤样中含有堵塞孔隙的碎粒,将孔隙分隔为孔径更小的微孔,在微孔中实现微孔填充方式的甲烷分子吸附,导致计算得到的微孔填充量偏大。

微孔填充理论提出在微孔内相对孔壁吸附势能叠加作用下,吸附质分子在微孔结构内部发生凝聚现象。[92]吸附势能的大小与甲烷分子靠近煤体的距离相关。[93]奥尔蒂斯(Ortiz),库赫塔(Kuchta)等(2016)通过 GCMC 模型模拟分析 30 ℃下甲烷分子在煤的孔隙结构不同区域处的吸附势能,发现甲烷分子在1.5 nm 孔径以下孔隙中吸附势能明显增强,提出 1.5 nm 孔径以下孔中甲烷分子均以微孔填充方式赋存。[94]根据以上分析,针对吸附态甲烷分子,绘制煤的瓦斯赋存机理如图 3.11 所示。

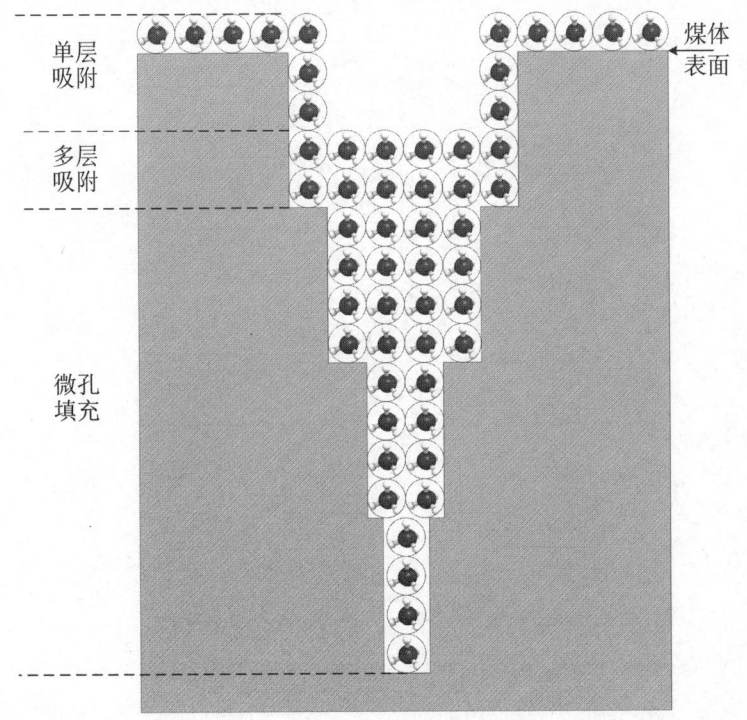

图 3.11　煤的瓦斯赋存机理示意图

根据甲烷气体分子在煤的孔隙结构内外受力情况,将微孔填充区域分为甲烷气体分子强赋存区域和甲烷气体分子弱赋存区域。强赋存区域是甲烷气体分子在增强的自由势能区域内能够与煤体表面直接接触的区域,该区域内的主要作用力是微孔结构孔隙内壁对其的吸附能力,并辅以部分气体分子间作用力;弱赋存区域是甲烷气体分子在增强的自由势能区域中不能与煤体表面直接接触的区域,该区域内甲烷气体分子主要受相邻甲烷气体分子的力场作用。甲烷气体分子同步进行接触煤体表面和进入煤孔隙结构的过程,甲烷气体受强赋存区域作用影响,进入孔隙结构内部深处并形成较为稳定的赋存形式,在强赋存区域之上继续进入的甲烷气体分子受分子相互作用力控制形成弱赋存区域,弱赋存区域的甲烷气体分子在一定可变条件作用下会优先解吸出孔隙结构。多层吸附区域和单层吸附区域是更为活跃的赋存区域。不同孔径和结构中甲烷气体分子赋存能力的影响因素与其赋存形式紧密相关,因此将整个区域划分为微孔填充区、多分子层吸附区和单分子层吸附区。

第 4 章　煤的瓦斯赋存影响因素分析

4.1　内在因素对煤的瓦斯赋存影响分析

瓦斯气体分子以游离态、吸附态和溶解态三种形式赋存在煤层里。[95]煤中瓦斯的运移通道为"孔隙＋裂缝"双通道模式，游离态的瓦斯气体分子在双通道中自由移动，孔隙中的流体压力提供气体分子移动能量。[96]研究得到游离态瓦斯气体约占赋存总量的 10% 以下；吸附态瓦斯气体是瓦斯在煤中赋存的主要形态，由第 3 章研究所得，中高阶煤中存在大量的微孔，微孔填充成为瓦斯吸附的主要方式，煤体对瓦斯气体分子有强赋存能力，发育的微孔也提供了很大的比表面积，煤表面对瓦斯气体分子有强吸附反应，微孔填充和分子层吸附联合作用，吸附态瓦斯气体约占赋存总量的 80% 以上；[97]溶解态的瓦斯分子一方面"固溶"在煤基质中转化为吸附态瓦斯，另一方面"液溶"在地下水中，因为煤体孔隙自身提供的压力较低，研究所得溶解态瓦斯气体分子非常有限，占赋存总量的比例几乎可忽略。有些研究文献中将瓦斯在煤体中的赋存形式仅分为游离态和吸附态两类。

煤层瓦斯含量是安全生产的重要指标。《防治煤与瓦斯突出规定》要求新建矿井在可行性研究阶段即对矿井内所有平均厚度在 0.3 m 以上的煤层进行突出危险性评估,在产矿井必须测定煤层瓦斯含量、煤层瓦斯压力和其他与突出危险性相关的参数。[98]瓦斯在煤层中的赋存主要由吸附作用决定,煤对瓦斯的吸附能力决定了煤层中瓦斯的储量丰度,也决定了生产工作面发生瓦斯突出风险性的潜在可能性,因此,研究煤的瓦斯赋存能力及其影响因素是煤的瓦斯突出风险防控与预警的重要基础性工作。

煤的瓦斯赋存由内因和外因共同作用。煤对瓦斯的吸附性质属于物理吸附,物理吸附的内因是吸附剂的性质、结构和特征;外因是指外部因素,通过改变内部因素发生作用。参考已有研究成果,依据第 2 章和第 3 章实验数据,研究煤的内外因素对煤的瓦斯赋存能力的影响。将煤的工业组分、变质程度、孔隙特征作为影响煤的瓦斯赋存能力的内在因素,将压力变化、粒度变化、温度变化作为影响煤的瓦斯赋存能力的外部因素。

4.1.1　煤工业组分对煤的瓦斯赋存影响分析

中高阶煤四组煤样为随机采选。将每种煤样进行三次工业分析测试,取平均值作为该种煤样的实验录入数据。实验中煤样固定碳含量变化较大,分布区间为 45.5%～82.3%,中间值为 62.07%。固定碳是煤去除挥发分、灰分和水分后的差值,固定碳主要的化学组分是碳元素,次要元素是氢、氧、氮、硫等元素,它是衡量煤的发热量和经济价值的重要指标。煤样固定碳含量与煤样吸附体积的关系及置信度为 0.95 的预测分布区间如图 4.1 所示。可见随着煤样固定碳含量增加,煤样吸附体积明显增大。当煤样的固定碳含量低于 50% 时,煤样的极限吸附体积小于 30 mL/g。因此可认为,固定碳含量可成为煤的瓦斯赋存能力的评价指标。

煤的灰分是煤燃烧完全后残留物的产率,是衡量煤质的重要标准。它不仅影响煤的产热量,而且影响其利用途径和加工方法,一般与其矿物质含量直接相关。煤的灰分分为外在灰分和内在灰分,外在灰分为煤炭产品在开采、运输、储运过程中混入的矿物杂质,可通过洗选加工方式加以去除;内在灰分为煤炭在成煤过程中混入的矿物杂质。煤样灰分含量与煤样吸附体积的关系及置信度为0.95的预测分布区间如图 4.2 所示,煤样的灰分含量分布区间为 12.15%～15.39%,平均灰分值为 13.55%,随煤样灰分含量的增加,煤样的吸附体积明显减小,当灰分含量大于 14.5%时,煤的吸附体积小于 30 mL/g。

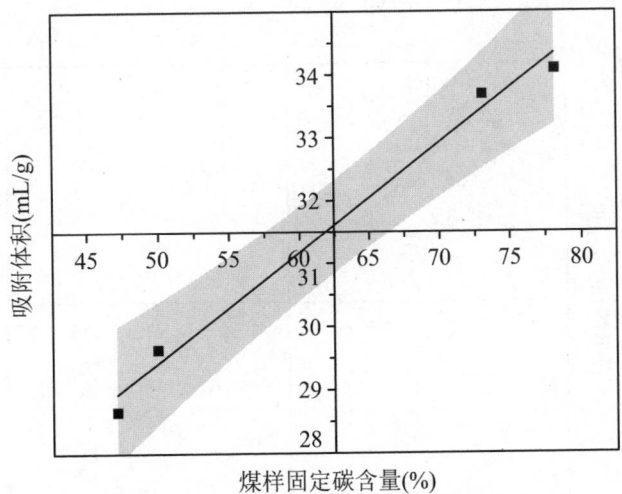

图 4.1　煤样固定碳含量和煤样吸附体积的关系

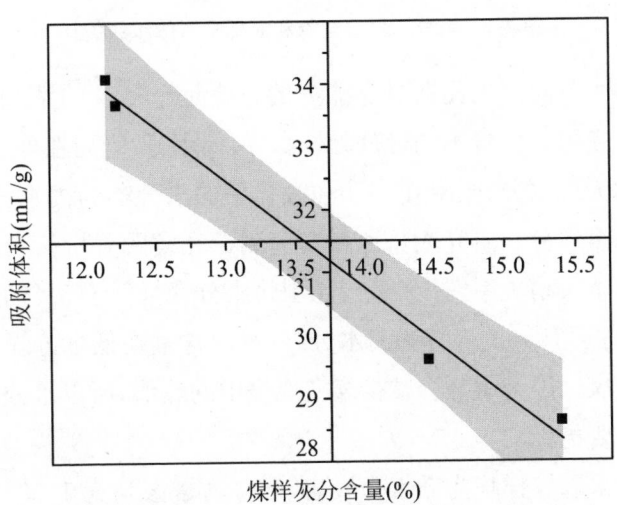

图 4.2　煤样灰分含量和煤样吸附体积的关系

　　煤的挥发分是煤中有机质的可挥发的热分解产物,由甲烷、一氧化碳、二氧化碳、氮、氢、硫化氢及一些复杂有机化合物构成。煤的挥发分含量是鉴别煤质类别的主要指标之一。研究发现煤的变质程度越高,煤的挥发分含量越低。煤样挥发分含量与煤样吸附体积的关系及置信度为 0.95 的预测分布区间如图4.3所示,煤样的挥发分含量分布区间为 6.97%~35.65%,挥发分含量平均值为 22.39%,随煤样挥发分含量的增加,煤样的吸附体积明显减小,当灰分含量大于 30.49%时,煤的吸附体积小于 30 mL/g。

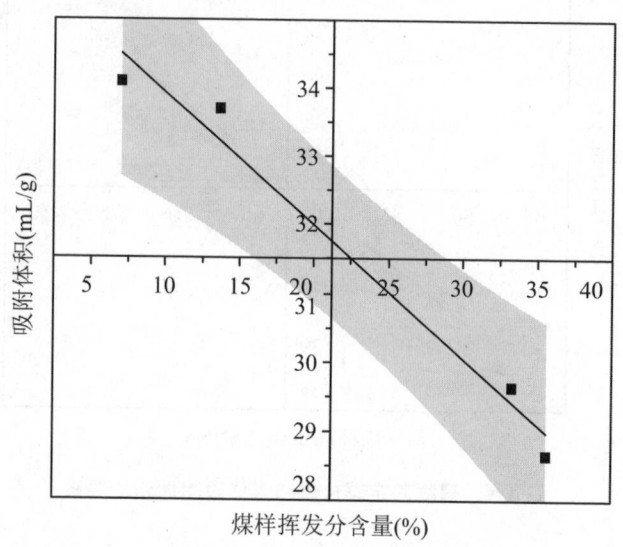

图 4.3　煤样挥发分含量和煤样吸附体积的关系

　　精确衡量水分对煤的瓦斯赋存能力的影响是个复杂的系统工程。煤中水分按在孔隙中吸附的位置不同可分为外水分、内水分:吸附在外表面、大孔和裂隙中的水分称为外水分;吸附在小孔和微孔中的水分称为内水分;内水分和外水分的总和为全水分。研究人员通过实验测量和实践分析认为水分与瓦斯在煤层中存在竞争吸附关系。[99]工业应用中将水分含量低于 5%的煤称为低水分煤,水分含量高于 15%的煤称为高水分煤,水分含量在低水分煤和高水分煤之间的为中水分煤。因为水分会减少煤在燃烧中的热值,所以水分含量是煤工业价值评价的重要指标。

　　本研究中采选煤样均为低水分煤岩,水分含量区间为 1.90%~2.69%,水分含量平均值为 1.99%,煤样水分含量与煤样吸附体积的关系及置信度为0.95的预测分布区间如图 4.4 所示,随水分含量的增大,煤样的吸附体积显著减少,当水分含量大于 2.0% 时,煤的吸附体积小于 30 mL/g。

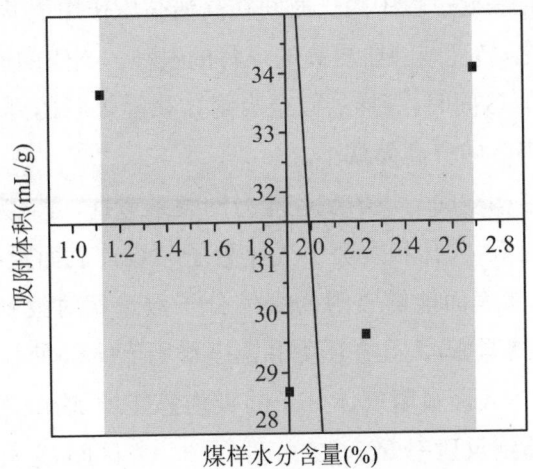

图 4.4　煤样水分含量和煤样吸附体积的关系

4.1.2　煤变质程度对煤的瓦斯赋存影响分析

以煤的最大镜质组反射率为自变量,分析不同变质程度煤与极限吸附体积关系,分析不同变质程度煤与极限吸附压力的关系,依据实验数据绘制图 4.5。

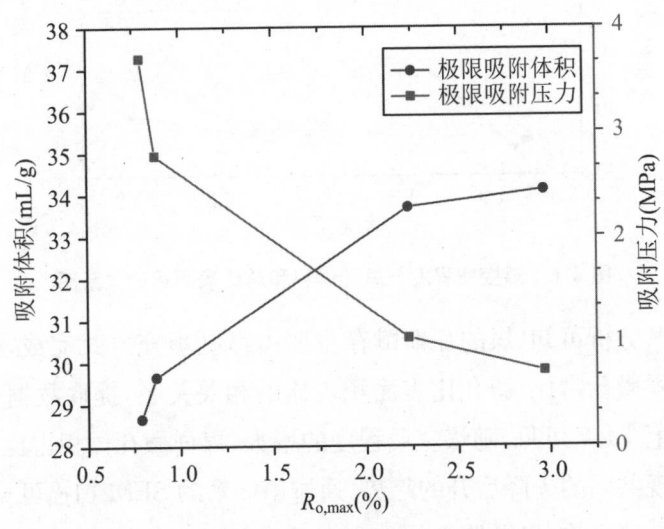

图 4.5　煤变质程度对煤的瓦斯赋存能力的影响

由图 4.5 可见,煤变质程度对煤的瓦斯赋存能力影响较大,煤的变质是煤基质在沉降到地壳深处过程中因长时间在高温高压作用下发生化学反应,其结构和性质发生变化,转变成煤阶更高的煤种的过程。当煤的镜质组最大反射率在 0.79%~2.97% 区间时,煤样的极限吸附体积随煤阶的升高而增大,煤样的极限吸附压力随煤阶的升高而减小。

从煤的孔隙结构空间与煤的赋存能力的关系考查,可认为相对较低阶煤岩中孔隙结构较为松散,大孔和裂隙中气体分子与煤体表面距离相对较远,吸附势能相对较弱,煤体表面能够吸附的气体分子数量相对较少。随着煤阶的升高,煤基质结构变得紧密,大孔在压力和温度作用下体积变小,煤体表面与气体分子间距变近,煤体表面吸附气体分子的吸附势能增加,吸附能力变强。由图4.6可见,最大镜质组反射率 $R_{o,max}$ 在 0.5%~3.0% 区间,总孔体积与煤变质程度相关性曲线趋势呈现先升高再降低再上扬的特征,这与钟玲文在西安科技大学对 56 个煤样的等温吸附实验研究结果一致[100];可认为 $R_{o,max}$ 在 2.25%~3.0% 区间,高阶煤微孔发育,总孔体积增加;$R_{o,max}$ 在 0.5%~3.0% 区间,总比表面积与煤变质程度相关性曲线呈现先降低后增高的特征。

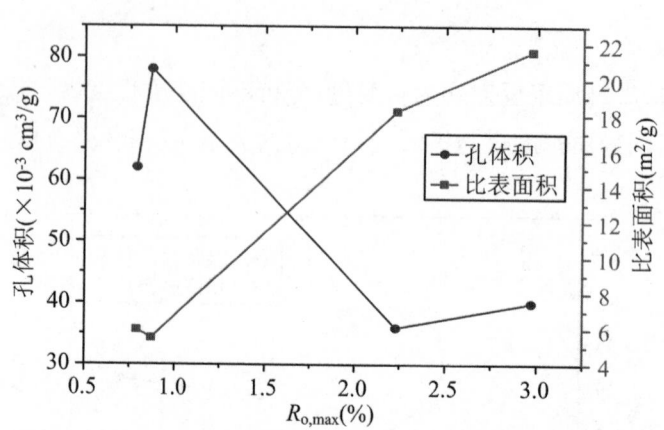

图 4.6 煤变质程度与总孔体积和总比表面积的关系图

由第 3 章分析可知,煤的瓦斯赋存主要由微孔填充方式完成,研究煤的变质程度与煤样微孔占比、微孔比表面积占比的相关关系,提取数据作拟合分析得图 4.7。由图 4.7 可见,随煤变质程度的增大,煤样微孔体积占比与微孔比表面积占比呈现共同的先降后升的趋势,通过第 2 章的 SEM 扫描可见 DJ 煤样孔隙中存在极微填充物,极微填充物的存在可能将小孔分割成更小的微孔,造成微孔孔体积和孔比表面积的增大。在 $R_{o,max} > 2.23\%$ 部分,孔体积和孔比表面积的增幅基本一致,孔径足够微小时,孔体积和孔比表面积变化幅度一致。

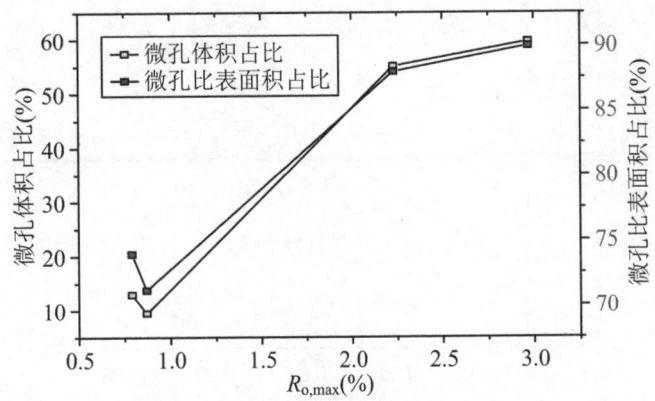

图 4.7　煤变质程度与微孔体积占比、微孔比表面积占比的关系图

　　通过上述分析可认为,煤变质程度的升高会改变煤的微观结构,从而引起煤对瓦斯赋存性能的改变。煤的变质程度是影响煤对瓦斯赋存能力的重要因素。

4.1.3　孔径分布对煤的瓦斯赋存影响分析

　　分析孔径分布对煤层瓦斯赋存能力的影响,依据等温吸附实验数据绘制图4.8、图 4.9。由上述两图可见,煤样的总孔体积和朗格缪尔体积之间没有明显相关关系,即煤的总孔体积的增大并不能直接引起煤的瓦斯赋存能力增大;总比表面积和极限吸附量之间存在正相关关系,即从四个煤样的总比表面积的变化趋势来看,总比表面积增大,煤的瓦斯赋存能力增大,总比表面积从 5.95 m²/g 增大到 21.59 m²/g,极限吸附能力从 28.66 m³/t 增大到 34.10 m³/t。通过第 3 章的分析可知,总比表面积的增大会导致由于势能失衡而吸附的瓦斯气体分子数量增多,从而致使煤的瓦斯吸附能力增大,因此孔隙总比表面积是影响煤的瓦斯赋存能力的重要因素。

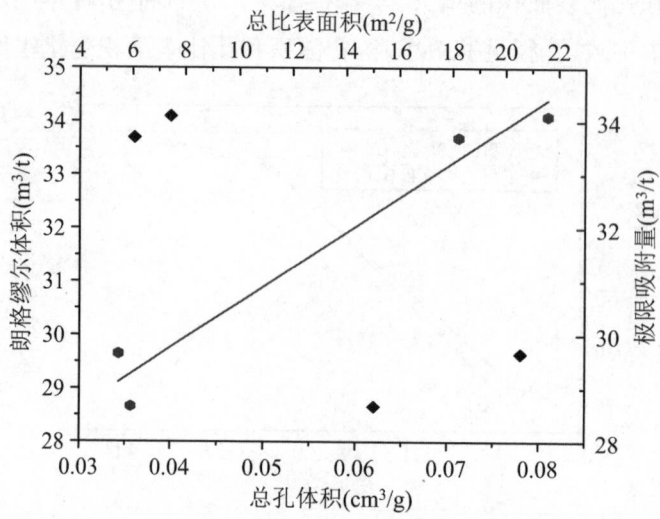

图 4.8 孔隙总孔体积和总比表面积与煤对瓦斯赋存能力的关系

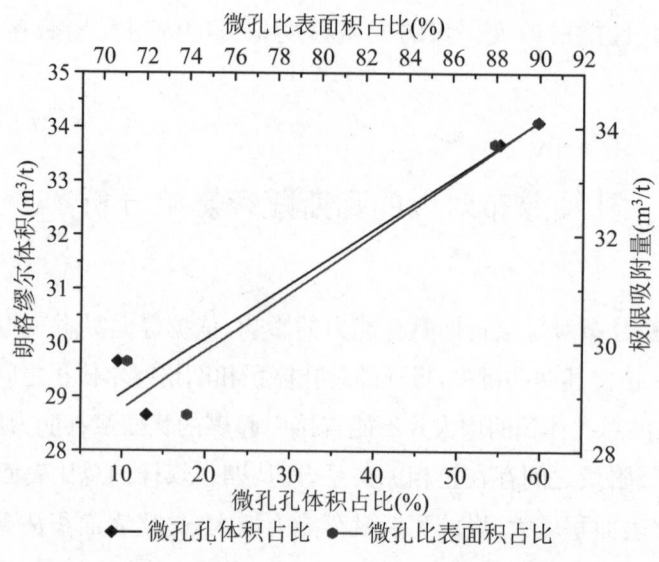

图 4.9 微孔孔体积占比和微孔比表面积占比与煤对瓦斯赋存能力的关系

由第 3 章分析可知,甲烷分子主要以微孔填充方式吸附在煤样孔隙结构中,推断微孔的占比决定煤的瓦斯赋存能力的强弱,微孔占比可分为微孔孔体积占比和微孔比表面积占比。由图 4.9 可见,微孔孔体积占比对朗格缪尔体积的影响和微孔比表面积占比对极限吸附量的影响呈现共同的变化趋势,微孔孔体积占比变化与朗格缪尔体积变化呈正相关关系,微孔比表面积占比与极限吸附量变化亦呈正相关关系,微孔孔体积占比从 9.49% 增大到 59.63%,微孔比表面积占比从 71.15% 增大到 89.92%,煤的甲烷分子吸附量从 28.66 m³/t 增加到 34.10 m³/t。从图 4.9 拟合分析线斜率看,微孔比表面积占比相对于微孔孔体积占比,对煤的瓦斯赋存能力有更大的影响作用。因此,认为微孔比表面积占比是煤的瓦斯赋存能力的重要影响因素。

4.1.4　分形维数对煤的瓦斯赋存影响分析

孔隙的分形维数是近年来研究的热点。一般认为,孔隙的分形维数数值越大,代表孔隙的表面越粗糙,粗糙的表面比平滑的表面提供了更多的吸附位,因此更容易吸附瓦斯气体分子。由第 2 章的定量研究可见,4 种煤样微孔分形维数聚类分析呈现两极化,中阶煤的微孔分形维数聚集在 $D \in (2.1, 2.2)$ 区域,可认为中阶煤的微孔内是"平滑"的,高阶煤的微孔分形维数聚集在 $D \in (2.6, 2.8)$ 区域,可认为高阶煤的微孔内是"较粗糙"的。由图 4.10 可见,微孔分形维数和煤的瓦斯极限吸附量总体呈现正相关关系,微孔分形维数是影响煤的瓦斯赋存能力的重要因素。

在定量研究小孔、中孔、大孔的分形维数与煤的瓦斯吸附能力的相关关系时发现,小孔的分形维数和微孔的分形维数相似,呈现两极分化现象,可是小孔分形维数与煤的瓦斯吸附能力之间未见显性线性相关关系:DJ 煤样的小孔分形维数数值 2.072 大于 LZ 煤样的小孔分形维数数值 2.057,DJ 煤样的极限吸附量 28.66 m³/t 小于 LZ 煤样的极限吸附量 29.65 m³/t;YW 煤样的小孔分形维数数值 2.536 大于 CZ 煤样的小孔分形维数 2.479,YW 煤样的极限吸附量 33.69 m³/t 小于 CZ 煤样的极限吸附量 34.10 m³/t(图 4.11)。分析中孔及大孔的分形维数与煤的瓦斯吸附能力的关系,未见显性线性相关关系。因此,未将小、中、大孔分形维数列入煤的瓦斯赋存能力的重要影响因素范畴。

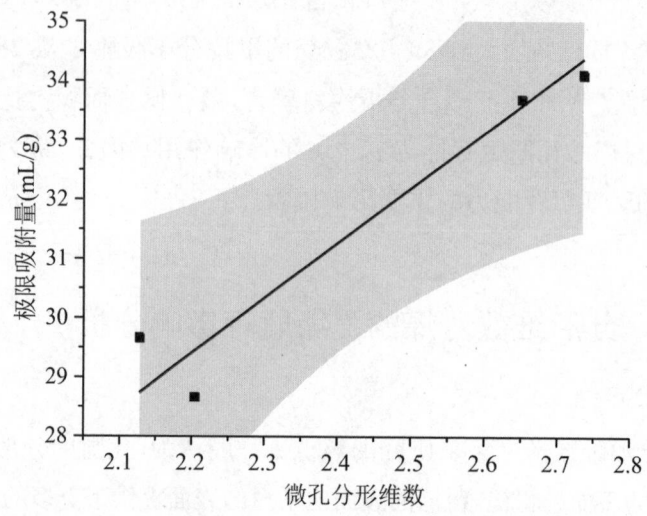

图 4.10 煤样微孔分形维数与煤对瓦斯赋存能力的关系

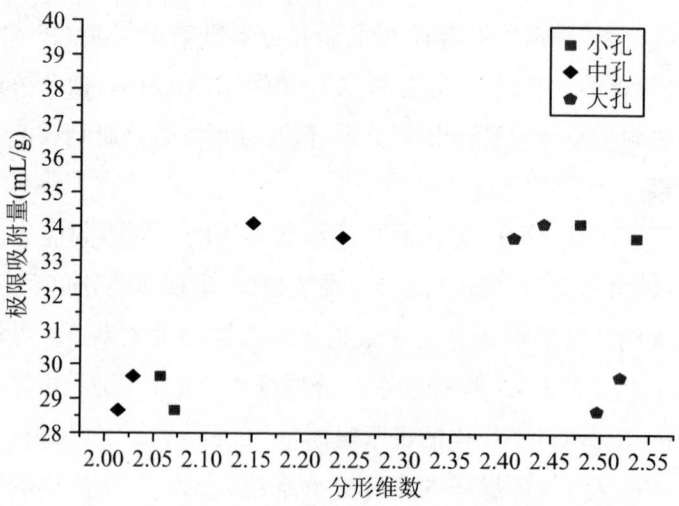

图 4.11 煤样小、中、大孔分形维数与煤对瓦斯赋存能力的关系

4.2　外部因素对煤的瓦斯赋存影响分析

4.2.1　压力对煤的瓦斯赋存影响分析

　　根据实验数据统计不同压力下的不同煤样的瓦斯吸附量,绘制不同压力下煤样吸附瓦斯量分布,如图 4.12 所示。由图 4.12 可知,DJ、LZ、YW、CZ 煤样在不同压力值下的吸附能力变化呈现共同特征,即随着压力的增大,煤样对瓦斯的赋存能力增加。DJ 煤样在 1 MPa 压力下吸附瓦斯量为 6.11 m^3/t,在 5 MPa 压力下吸附瓦斯量为 16.53 m^3/t,在压力的改变下 DJ 煤样对瓦斯的吸附量增大 170.54%;LZ 煤样在 1 MPa 压力下吸附瓦斯量为 7.84 m^3/t,在 5 MPa 压力下吸附瓦斯量为 19.02 m^3/t,在压力的改变下 LZ 煤样对瓦斯的吸附量增大 142.60%;YW 煤样在 1 MPa 压力下吸附瓦斯量为 16.67 m^3/t,在 5 MPa 压力下吸附瓦斯量为 27.93 m^3/t,在压力的改变下 YW 煤样对瓦斯的吸附量增大 67.55%;CZ 煤样在 1 MPa 压力下吸附瓦斯量为 19.95 m^3/t,在 5 MPa 压力下吸附瓦斯量为 29.84 m^3/t,在压力的改变下 YW 煤样对瓦斯的吸附量增大 49.57%。由分析可得:压力对煤的瓦斯吸附能力有正相关影响,随着压强的增大,煤的瓦斯吸附能力增强;压力对煤的吸附能力的影响与煤的发育程度有关,中阶煤孔隙体积较大,高阶煤孔隙体积较小,压强的改变对中阶煤吸附能力的影响程度大于对高阶煤吸附能力的影响程度。总之,压力是影响煤的瓦斯赋存能力的重要外在因素。

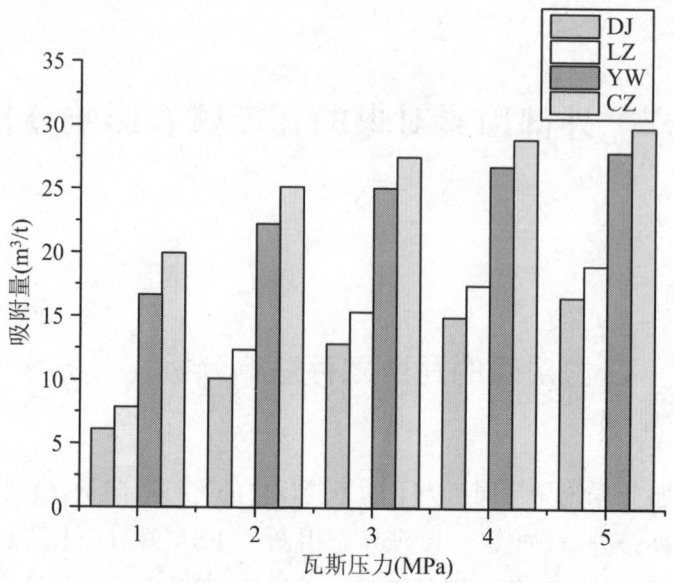

图 4.12　不同压力下煤样吸附瓦斯量分布图

4.2.2　温度对煤的瓦斯赋存影响分析

在进行温度对煤的瓦斯赋存能力影响程度的分析实验前,需排除水分对煤样吸附能力的影响。为此,将煤样的水分含量调整为平衡水分含量状态,让煤样尽可能恢复在储层中的含水状态。然后分别在 20 ℃、30 ℃、40 ℃、50 ℃时进行煤对甲烷的等温吸附实验,仅以 LZ 煤样为中阶煤代表,CZ 煤样为高阶煤代表,采用 BSD-PH 全自动高压气体吸附解吸分析仪得到吸附曲线,如图 4.13、图 4.14 所示。

由上述两图可见共同特征为:随温度的增加,同一压力值下同种煤对甲烷的吸附量减小。使用朗格缪尔模型对不同温度下不同煤样的吸附曲线进行拟合分析,得到朗格缪尔模型 a、b 数值,如表 4.1 所示。

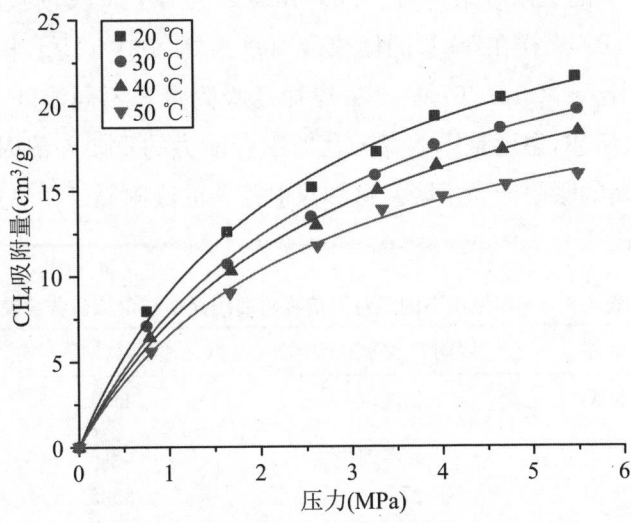

图 4.13　温度对 LZ 煤样瓦斯赋存能力的影响

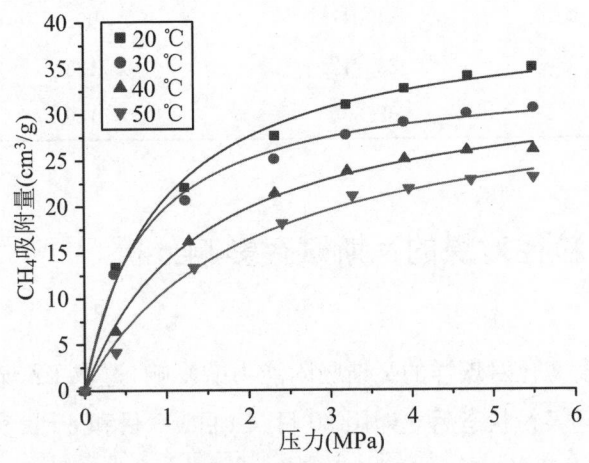

图 4.14　温度对 CZ 煤样瓦斯赋存能力的影响

结合常数 a 的物理意义可知,LZ 煤样和 CZ 煤样的极限吸附量随温度的增高均呈下降趋势。LZ 煤样在 20 ℃的极限吸附量为 30.736 mL/g,在 50 ℃的极限吸附量为 24.021 mL/g,同比下降 21.849%;CZ 煤样在 20 ℃的极限吸附量为 40.176 mL/g,在 50 ℃的极限吸附量为 32.355 mL/g,同比下降19.465%。在温度上升 30 ℃后,两种煤样极限吸附量均下降 20%左右。但值得注意的是,这种下降并不是随温度的等值下降而是呈现等额梯度下降。LZ 煤样在 30 ℃的极限吸附量为 29.648 mL/g,相对于 20 ℃时极限吸附量同比下降3.541%,

LZ 煤样在 40 ℃的极限吸附量为 27.856 mL/g,相对于 30 ℃时极限吸附量同比下降 6.044%,LZ 煤样在 50 ℃的极限吸附量为 24.021 mL/g,相对于 40 ℃时极限吸附量同比下降 13.767%。CZ 煤样的吸附量在不同温度下也呈现非等额下降。综上所述,温度是影响煤的瓦斯赋存能力的重要外部因素,随温度的增高,煤对瓦斯的吸附能力下降。这和煤对瓦斯的吸附属于发热过程的物理吸附特征相吻合。

表 4.1 不同温度下的煤对甲烷吸附曲线朗格缪尔拟合参数表

煤样	条件	吸附常数 a(mL/g)	吸附参数 b(MPa^{-1})	R^2
LZ	20 ℃	30.7364	0.4164	0.9403
	30 ℃	29.6479	0.3579	0.9502
	40 ℃	27.8559	0.3535	0.9514
	50 ℃	24.0209	0.3757	0.9471
CZ	20 ℃	40.1756	1.0904	0.8119
	30 ℃	34.0975	1.4002	0.7647
	40 ℃	33.7121	0.7128	0.8815
	50 ℃	32.3553	0.5126	0.9212

4.2.3 粒径对煤的瓦斯赋存影响分析

为研究粒度变化对煤样的瓦斯吸附能力的影响,选取 LZ 煤样和 CZ 煤样,用破碎机打碎至煤粉状态后立即用 20 目、40 目、60 目和 80 目实验组合筛进行筛选,选取目数分别为 20~40 目(粒径为 0.38~0.83 nm),40~60 目(粒径为 0.25~0.38 nm),60~80 目(粒径为 0.18~0.25 nm),各取两种煤样符合目数要求的煤粉 120 g,共计 18 组实验样品,使用 BSD-PH 全自动高压气体吸附解吸分析仪,得到 30 ℃下吸附曲线如图 4.15、图 4.16 所示。

由图可见,随着目数增大即粒度减小,同种煤样、同等压力下吸附能力增大。目数的变化和煤对甲烷吸附能力的变化呈正比例关系,即粒径的变化和煤对甲烷吸附能力的变化呈负相关关系。

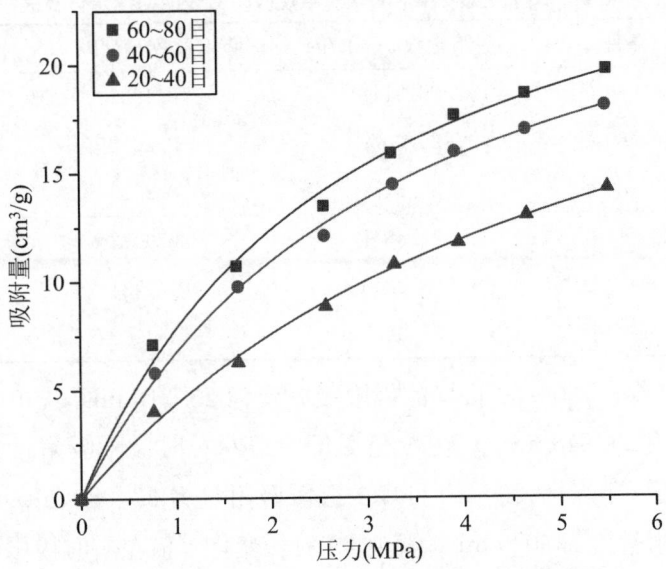

图 4.15 粒径变化对 LZ 煤样瓦斯赋存能力的影响

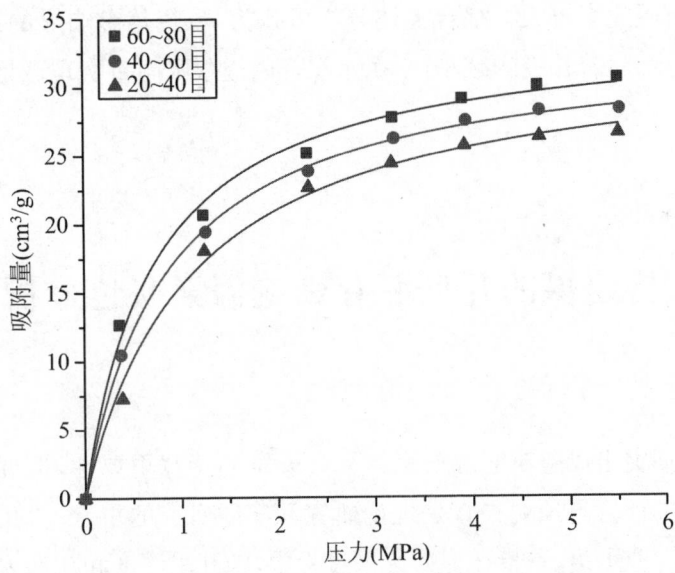

图 4.16 粒径变化对 CZ 煤样瓦斯赋存能力的影响

使用朗格缪尔模型对不同粒径下不同煤样的吸附曲线进行拟合分析,得到朗格缪尔模型 a,b 数值如表 4.2 所示。

表 4.2　不同粒度条件下的煤对甲烷吸附曲线朗格缪尔计算表

煤样	条件	吸附常数 a(mL/g)	吸附参数 b(MPa^{-1})	R^2
LZ	20～40 目	28.3147	0.1822	0.9803
	40～60 目	29.0079	0.3018	0.9603
	60～80 目	29.6479	0.3579	0.9502
CZ	20～40 目	32.6841	0.9022	0.8446
	40～60 目	33.0296	1.1734	0.7994
	60～80 目	34.0975	1.4002	0.7647

对于 LZ 煤样,20～40 目煤的极限吸附量为 28.315 mL/g,60～80 目煤的极限吸附量为 29.648 mL/g,在粒径变化 4 倍左右时极限吸附量仅同比增加 4.708%;对于 CZ 煤样,20～40 目煤的极限吸附量为 32.684 mL/g,60～80 目煤的极限吸附量为 34.075 mL/g,同样在粒径变化 4 倍左右时极限吸附量同比增加 4.324%,增加率同比略低于 LZ 煤样。而实验煤样目数的变化给朗格缪尔模型参数 b 也带来了规律变化,参照参数 b 的物理意义,可认为随粒径的变小,煤样的解吸速率增大。综合上述分析可认为,粒径是影响煤的瓦斯赋存能力的外在因素,随着粒径的减小,平衡水煤样的极限吸附量实现微增,解吸速度实现快增。

4.3　构建煤的瓦斯赋存影响因素灰色分析模型

由于瓦斯突出风险对能源安全与社会安全的特殊重要性,近五十年来,瓦斯突出风险的评价与预测一直是理论研究和实践研究的重点。"瓦斯突出"是灾害学中的专业术语,是指在煤矿开采过程中,随开采深度和瓦斯含量的增加,在地应力和瓦斯释放引力的作用下,软弱煤层突破抵抗线瞬间释放大量瓦斯和煤而造成的一种地质灾害。[101]"瓦斯突出风险假说"在经历"瓦斯主导假说"和"地应力主导假说"等单因素主导影响假说阶段后,现在学界普遍认同"瓦斯突出风险综合假说",即诱发瓦斯突出事故发生的原因是瓦斯、煤的物理力学性质、应力等多种因素的综合作用。但是主控因素及其触发的质变量化过程研究仍未得到准确解析。胡千庭,赵旭生(2012)在统计及分析 2005 至 2010 年全国煤与瓦斯突出事故资料的基础上,提出突出煤层瓦斯含量和瓦斯压力均较大:突出煤层平均瓦斯含量为 14.6 mL/g,最大值为 38.49 mL/g;突出矿井瓦斯压力最大值为 7.83 MPa。[102]李子文,林柏泉等(2013)提出煤对瓦斯的吸附能力主要受微孔控制,同时受中孔影响。[103]王云刚,周辰等(2016)使用熵权灰色关联法分析平顶山东部矿区的煤与瓦斯突出主控因素,选用煤的物理力学性质、地质构造、煤层和构造煤厚度、开采深度、瓦斯和煤层透气性系数作为瓦斯突出风险影响因素,得出主控因素为开采深度的结论。[104]袁亮、唐一博等(2017)通过自主研发煤与瓦斯突出物理模拟系统,提出瓦斯压力是瓦斯突出风险的主控因素。[105]张永强,韩志雄等(2019)通过西南矿区煤的吸附因素研究认为煤的吸附能力受变质程度影响,不同变质程度主控因素不同。[106]张亚潮,付航航等(2020)通过氢氧化钾(KOH)活化法和交互式应用安全测试(interactive application security testing,IAST)得出煤对甲烷的吸附主要受 0.55~0.85 nm 孔径范围微孔影响的结论。[107]

综合上述分析可见,学者们对瓦斯突出风险的关键因素是什么众说纷纭,但主要集中在煤的物理力学性质、瓦斯的赋存特征和煤层构造性质上。因此,以煤的微观结构特征为着眼点研究煤的瓦斯赋存能力尤为重要。笔者认为,煤结构中赋存瓦斯是瓦斯突出风险可能发生的客观事实基础,被应力等诱发因素激化后形成"瓦斯突出"灾害事故,煤的瓦斯赋存能力的强弱决定诱发因素作用至风险事故需要的能量强度,赋存能力大则瓦斯突出事故发生状态下诱发因素的激发强度必须足够大;在同等诱发因素作用强度下,瓦斯赋存能力大的煤层相比瓦斯赋存能力小的煤层具有更低的突出风险。为降低瓦斯突出事故发生的可能性,有必要采用科学分析方法研究煤的瓦斯赋存能力影响因素并确定关键影响因素。

灰色系统分析法特别适用于贫信息的小样本分析。在系统工程学中,用"黑"表示信息完全未知;用"白"表示信息完全已知;"灰"介于黑白之间,表示部分信息已知、同时部分信息未知的贫信息系统。灰色系统作为贫信息系统,常用的统计方法难以奏效。我国著名学者邓聚龙(1982)提出利用已知信息来确定未知信息的灰色系统方法,使贫信息系统由"灰"转"白"。[108]灰色系统分析方法的突出优势是对样本数量没有严格要求且不需要样本服从任何分布。于海云、杨力(2013)通过研究认为产矿井负类数据问题普遍存在、新建矿井瓦斯突出数据缺乏、瓦斯安全系统数据采集危险等因素共同决定了瓦斯突出风险评价系统是典型的小样本系统。[109]

同理,煤的瓦斯赋存能力评价系统也是贫信息的小样本系统。煤的瓦斯赋存能力研究在外力刺激下引发风险因素的结构关系是模糊性的,实际生产条件中各因素是动态变化的,现有体系对所有指标的涵盖性是不确定的,指标数据的明确性是不完全的。因此,灰色系统方法特别适用于对煤的瓦斯赋存影响因素的分析。

灰色关联分析法是灰色系统方法中的一种具体分析方法,通过影响因素与系统目标发展态势的相似程度或相差程度来衡量影响因素的重要程度。通过灰色关联分析法可以知道煤的瓦斯赋存能力系统中哪些是主控因素,哪些是次要因素。通过精准判识主控因素来决定通过控制哪些因素来达到降低瓦斯突出风险的目标。

灰色关联分析方法本质是对相对性的排序,量化方法为:

确定参考的目标数据列,参考数据列常记作 Y,一般表示式为

$$Y_1 = \{y_1(1), y_1(2), \cdots, y_1(n)\} \tag{4-1}$$

确定比较数据列,比较数据列常记作 X_i,一般表示式为

$$X_i = \{x_i(1), x_i(2), \cdots, x_i(n)\} \quad (i = 1, 2, \cdots, m) \tag{4-2}$$

如果参考数列和比较数列的量纲不同,则要进行无量纲化处理,常用的无量纲化方法有初值化方法、均值化方法和规范化方法。

无量纲化处理后计算参考数列 Y_1 和比较数列 X_i 在第 k 个时刻的相对差值,表达式为:

$$\gamma_i(k) = \frac{\min\limits_{i}\min\limits_{k} |y_1(k) - x_i(k)| + \rho \max\limits_{i}\max\limits_{k} |y_1(k) - x_i(k)|}{|y_1(k) - x_i(k)| + \rho \max\limits_{i}\max\limits_{k} |y_1(k) - x_i(k)|} \tag{4-3}$$

其中,ρ 是分辨系数,$\rho \in [0, 1]$,分辨系数的引入是为了减少极值对关联系数计算的影响,在实际使用过程中可根据参考数列和比较数列之间的关系合理选择分辨系数,一般 ρ 取值在 $0 \sim 0.5$ 范围。

若计 $\Delta\max = \max\limits_{i}\max\limits_{k} |y_1(k) - x_i(k)|$,$\Delta\min = \min\limits_{i}\min\limits_{k} |y_1(k) - x_i(k)|$

则 $\Delta\max$ 可表示各时刻 Y_1 与 X_i 的最大绝对差值,$\Delta\min$ 可表示各时刻 Y_1 与 X_i 的最小绝对差值。从而形成式

$$\gamma_i(k) = \frac{\Delta\min + \rho\Delta\max}{|y_1(k) - x_i(k)| + \rho\Delta\max} \tag{4-4}$$

关联系数的几何意义是参考数据列与目标数据列的趋近程度。但是由于关联系数的数值较多,过于分散的信息不便于比较,为此有必要将分散的数据处理为一个能够直接表征趋近程度的值,求平均值是常用的信息集中处理的数学方法。

$$r_i = \frac{1}{n} \sum_{k=1}^{n} \gamma_i(k) \tag{4-5}$$

r_i 的值称为绝对关联度,即曲线 X_i 对曲线 Y_1 的绝对关联度。

灰色关联分析的目的就是在影响目标数列 Y_1 的诸多因素 X_i 中找到关键因素,即按照关联程度对 X_i 进行排序。

若 x_a 与 y_1,x_b 与 y_1 的关联度值分别为 r_a,r_b,则:

(1) 当 $r_a > r_b$ 时,称 x_a 优于 x_b;

(2) 当 $r_a = r_b$ 时,称 x_a 等于 x_b;

(3) 当 $r_a < r_b$ 时,称 x_a 劣于 x_b;

(4) 当 $r_a \geqslant r_b$ 时,称 x_a 不劣于 x_b;

(5) 当 $r_a \leqslant r_b$ 时,称 x_a 不优于 x_b。

至此,影响母序列 Y_1 的各项因素 X_i 按照上述定义的优劣顺序排列,即按照各自对 Y_1 的影响程度排列,根据完成复杂系统的因素重要程度进行分析。

煤的瓦斯赋存能力灰色关联分析中,将极限吸附量作为权衡煤的瓦斯赋存能力的重要母因素 Y,将内外作用因素煤阶 X_1、总比表面积 X_2、微孔比表面积占比 X_3、微孔分形 X_4、固定碳含量 X_5、挥发分含量 X_6、灰分含量 X_7、水分含量 X_8、温度 X_9、粒度 X_{10}、压强 X_{11} 作为煤的瓦斯赋存能力影响因素关联度分析的子因素。煤的瓦斯赋存能力各影响因素关联度计算过程如下:

构建煤的瓦斯赋存能力各影响因素数据矩阵:母因素置于第一行,从第二行至第十二行依次为煤阶 X_1、总比表面积 X_2、微孔孔体积占比 X_3、微孔分形 X_4、固定碳含量 X_5、挥发分含量 X_6、灰分含量 X_7、水分含量 X_8、温度 X_9、粒度 X_{10}、压力 X_{11}。即

$$X_1 = (0.79, 0.87, 2.23, 2.97)$$

$$X_2 = (5.95, 5.49, 18.23, 21.59)$$

$$X_3 = (73.93, 71.15, 87.94, 89.92)$$

$$X_4 = (2.205, 2.128, 2.651, 2.736)$$

$$X_5 = (47.06, 48.35, 72.09, 78.16)$$

$$X_6=(35.65,33.38,13.57,6.97)$$
$$X_7=(15.39,14.44,12.22,12.15)$$
$$X_8=(1.9,1.93,2.23,2.69)$$
$$X_9=(27.74,27.86,30.9,33.71)$$
$$X_{10}=(24.33,29.01,32.07,33.03)$$
$$X_{11}=(16.51,19.02,27.92,30.18)$$

第一步,数据标准化[110]:

对数据矩阵进行标准化处理,由 $X'_i=\dfrac{X_i}{\max X_i}$ 计算出标准化数据矩阵为

$$
\begin{bmatrix} Y' \\ X'_i \end{bmatrix}=
\begin{bmatrix}
0.841 & 0.870 & 0.988 & 1 \\
0.266 & 0.293 & 0.751 & 1 \\
0.276 & 0.254 & 0.844 & 1 \\
0.822 & 0.791 & 0.978 & 1 \\
0.806 & 0.778 & 0.969 & 1 \\
0.602 & 0.619 & 0.922 & 1 \\
1 & 0.936 & 0.381 & 0.196 \\
1 & 0.938 & 0.794 & 0.789 \\
0.706 & 0.717 & 0.829 & 1 \\
0.823 & 0.826 & 0.917 & 1 \\
0.737 & 0.878 & 0.971 & 1 \\
0.547 & 0.630 & 0.925 & 1
\end{bmatrix}
$$

第二步,求差序列:

由 $\Delta_i(k)=|Y'(k)-X'_i(k)|(i=1,2,3,\cdots,11)$ 计算差序列矩阵

$$\Delta_{li} = \begin{bmatrix} 0.575 & 0.577 & 0.237 & 0 \\ 0.565 & 0.615 & 0.144 & 0 \\ 0.018 & 0.078 & 0.010 & 0 \\ 0.035 & 0.092 & 0.019 & 0 \\ 0.239 & 0.251 & 0.066 & 0 \\ 0.159 & 0.067 & 0.607 & 0.804 \\ 0.159 & 0.069 & 0.194 & 0.211 \\ 0.134 & 0.152 & 0.159 & 0 \\ 0.018 & 0.043 & 0.071 & 0 \\ 0.104 & 0.009 & 0.017 & 0 \\ 0.294 & 0.239 & 0.063 & 0 \\ 0.294 & 0.239 & 0.063 & 0 \end{bmatrix}$$

第三步,求两级差:

$$M = \max_{l} \max_{i} \Delta_{li} = 0.804$$

$$m = \min_{l} \min_{i} \Delta_{li} = 0$$

第四步,求关联系数矩阵:

根据 $\gamma_{li}(k) = \dfrac{m + \rho M}{\Delta_i(k) + \rho M}$ $(i = 1, 2, 3, \cdots, 11)$ 计算关联系数,令 $\rho = 0.5$,

$$\gamma_{li}(k) = \begin{bmatrix} 0.411 & 0.411 & 0.629 & 1 \\ 0.416 & 0.395 & 0.736 & 1 \\ 0.957 & 0.838 & 0.976 & 1 \\ 0.920 & 0.814 & 0.955 & 1 \\ 0.627 & 0.616 & 0.859 & 1 \\ 0.717 & 0.857 & 0.398 & 0.333 \\ 0.717 & 0.854 & 0.674 & 0.656 \\ 0.750 & 0.726 & 0.717 & 1 \\ 0.957 & 0.903 & 0.850 & 1 \\ 0.794 & 0.978 & 0.959 & 1 \\ 0.578 & 0.627 & 0.865 & 1 \end{bmatrix}$$

第五步,求各影响子因素与极限吸附量母因素之间的关联度 r_i:

$$r_i = \frac{\sum_{k=1}^{n} \gamma_{li}(k)}{n} = \{r_1, r_2, r_3, r_4, r_5, r_6, r_7, r_8, r_9, r_{10}, r_{11}\}$$

$$= \{0.613, 0.637, 0.943, 0.922, 0.775, 0.576, 0.725, 0.798, 0.928, 0.933, 0.767\}$$

灰色关联分析结果显示：$0.943 > 0.932 > 0.928 > 0.922 > 0.798 > 0.775 > 0.767 > 0.725 > 0.637 > 0.613 > 0.576$，即

$$r_3 > r_{10} > r_9 > r_4 > r_8 > r_5 > r_{11} > r_7 > r_2 > r_1 > r_6$$

即按各因素对煤的瓦斯赋存能力的影响程度由高到低的综合排序为：微孔比表面积占比 X_3、粒度 X_{10}、温度 X_9、微孔分形 X_4、水分含量 X_8、固定碳含量 X_5、压力 X_{11}、灰分含量 X_7、总比表面积 X_2、煤阶 X_1、挥发分含量 X_6；按内在因素对煤的瓦斯赋存能力影响程度由高到低排序依次为：微孔比表面积占比 X_3、微孔分形 X_4、水分含量 X_8、固定碳含量 X_5、灰分含量 X_7、总比表面积 X_2、煤阶 X_1、挥发分含量 X_6；按外部因素对煤的瓦斯赋存能力影响程度由高到低排序依次为：粒度 X_{10}、温度 X_9、压力 X_{11}。

第5章 瓦斯突出风险深度学习型智能预警系统研究

5.1 瓦斯突出风险溯源

风险,即不确定性。瓦斯突出风险单指标假说和综合指标假说的共同特点是都认可煤中瓦斯在突出产生过程中的重要作用。前文研究得出,微孔比表面积占比 X_3、粒度 X_{10}、温度 X_9、微孔分形 X_4、水分含量 X_8、固定碳含量 X_5、压力 X_{11}、灰分含量 X_7、总比表面积 X_2、煤阶 X_1、挥发分含量 X_6,作为影响煤的瓦斯赋存能力的重要因素作用于瓦斯在煤中运移的全过程。蔡峰等(2009)通过模拟煤与瓦斯突出过程,将煤层分解为光滑粒子流体动力学(smoothed particle hydrodynamics,SPH)网格单元进行分析,提出瓦斯突出事故发生的"球壳失稳"机理。[111]"球"是指具有孔、裂隙的煤,"壳"是外部具有一定支撑作用的煤体,"失稳"的触发条件是受力的变化。失稳是突出的过程,是受力破坏煤体,煤体赋存失衡,释放瓦斯,瓦斯涌出使煤体裂隙扩张,煤体失稳变形破坏,破坏煤壳和涌出瓦斯一起抛向巷道,失去壳体保护的煤体内部在力的转移下继续被破坏的事故过程。从球壳失稳机理看,突出事故发生的基础条件是煤的孔裂隙结构中赋存瓦斯,激发条件是应力和应变的变化,失稳结果是特定程度基础条件与特定程度激发条件综合作用的结果。

根据煤的瓦斯赋存在平衡力作用下处于赋存平衡状态(图5.1A),在特定受力激发下发生"球壳失稳"突出事故(图5.1B),相对于低瓦斯煤层,已检验为煤与瓦斯突出风险煤层,高瓦斯风险煤层应为高瓦斯赋存风险煤层,它们更容易在较低激发条件下发生破坏程度更大的风险事故。

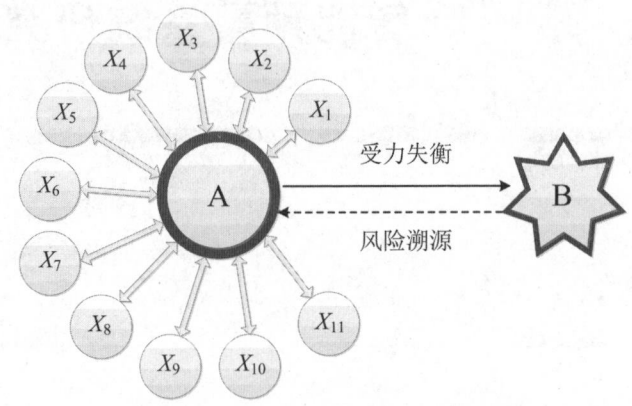

A-瓦斯赋存导致瓦斯突出潜在风险　B-瓦斯突出事故

图 5.1　煤的瓦斯突出风险溯源图

在风险溯源和风险预警中有两大难点:一是尚不知实际生产中突出风险事故作用因素及影响程度是否符合前文研究结论;二是生产实践中因素作用条件不断发生变化,数学模型求解必须重新分析因素并重新建立方程模型,这会产生大量重复性工作。如何寻求合适的分析方法并在时效性方面满足风险预警和防控的要求? 研究者提出设想:可选用针对性决策系统工程方法,利用已有瓦斯突出风险检验等级和煤层瓦斯赋存参数条件,评价判定煤层有无瓦斯突出风险,做好风险预警;分析影响因素的指标权重,通过实践举措降低风险致因因素,达到快速降低风险的效果。

5.2　突出风险指标与煤的瓦斯赋存影响因素关联分析

5.2.1　突出风险致因主要指标及关联分析

　　煤与瓦斯突出是煤的性质、瓦斯压力和地应力综合作用的结果,它们相互作用的过程和强度决定突出动力灾害的发生与强度,如图 5.2 所示。我国高度重视瓦斯突出风险的预防和治理,1988 年颁布《防治煤与瓦斯突出细则》,为与生产实践相适应,先后于 1995 年、2009 年和 2019 年更新修订。目前,随着矿井开采深度的不断加深,我国煤层开采时地应力和瓦斯压力不断增大,煤矿工作面的煤与瓦斯突出危险性有所增加。原有的突出风险指标体系是否适用于现在的深井开采中煤与瓦斯突出风险防治,需要开展进一步的研究与验证。

图 5.2　突出风险指标关联分析图

1. 瓦斯突出风险致因因素分析

(1) 煤的性质。

此处特指煤的物理性质,煤的物理性质主要是指煤对瓦斯的吸附和解吸特性。具有突出危险性的煤层,其解吸瓦斯的速度比没有突出危险性的煤层快。通过实验测试,可以得到瓦斯放散初速度 ΔP,ΔP 表明煤层瓦斯解吸的速度,这个数值越大,所属煤层越具有突出的危险。煤的物理性质既体现了煤的承载力,也决定了煤体抵抗破坏力的能效。如果煤的强度逐渐下降,煤层中大量赋存瓦斯,煤对瓦斯的吸附能力不足,那么在一定的地应力条件下,当煤中的裂隙较为严重且连通性不佳时,可能出现瓦斯压力对煤层的破坏,也有可能形成过强的瓦斯气流,造成极大的安全风险。

(2) 瓦斯压力。在煤与瓦斯突出问题中,瓦斯压力的作用较明显,也是突出的动力来源。瓦斯压力和瓦斯突出的关系较为复杂,一般瓦斯压力随着开采深度的增加而增加,瓦斯压力越大,发生煤与瓦斯突出的可能性就越大。在煤层中,含有的瓦斯量越大,煤与瓦斯突出的涌出量和强度也越大。一般煤中含有的瓦斯是吸附态瓦斯与游离态瓦斯,游离态瓦斯会在突出中自由溢出,吸附态瓦斯则以解吸功能进行释放。

(3) 地应力。地应力是产生地质运动的主要动力,也是发生煤与瓦斯突出现象的动力来源。其具有足够大的垂直压力把煤压碎,也具有足够大的侧压使煤挤出。一般情况下,可以将地应力分为采掘附加应力、地质构造应力、自身重力三大类型。采掘附加应力主要来自采掘作业的影响,将原有的应力状态破坏,造成应力状态的重新分布,而应力的改变直接造成煤与瓦斯突出。

2. 致因因素与煤层突出危险性鉴定指标关联分析

地应力是瓦斯突出过程中煤体破坏的动力和能量来源。地应力主导了煤体宏观和微观的结构改变,控制了煤的瓦斯赋存特征,瓦斯压力又能改变煤的物理力学性质,瓦斯参与煤体破坏过程,在煤体中的运移为突出煤岩提供搬运动力。煤是所有突出动能的作用对象,其瓦斯赋存特征、孔隙结构特征、瓦斯运移特性和力学物理性质等影响突出过程。煤层突出危险性鉴定指标中瓦斯压力 P 和坚固性系数 f 在一定程度上能够反映煤的性质;煤层突出危险性鉴定指标中瓦斯放散初速度 ΔP 反映瓦斯赋存特征和地应力的共同作用;煤层突出危险性鉴定指标中煤的破坏类型反映构造应力的作用。为准确界定煤与瓦斯突出程度,将煤被破碎的程度分成五种类型。破坏Ⅰ型:煤未遭受应力破坏,原生沉积结构清晰明显;破坏Ⅱ型:遭受轻微破坏,煤呈现碎块状,但结构和层理可以清楚辨识;破坏Ⅲ型:遭受破坏,煤呈碎块状,原生结构和裂隙系统已不复存在;破坏Ⅳ型:遭受强破坏,煤呈粒状;破坏Ⅴ型:被破碎,煤成粉状。第Ⅲ、Ⅳ、Ⅴ类型的煤在煤层突出危险性鉴定中具有突出风险。

3. 煤层突出风险致因因素和鉴定指标的应用问题分析

过去的煤层突出风险指标的测定和突出风险的预警,包括瓦斯压力指标和地应力指标,一般都是采用现场反复试验和测定的方式完成。但是现今的突出风险防治管理模式不再支持这种做法。现在煤矿生产现场一般采用局部试验方法划分突出风险的区域,在鉴定具有突出风险区域内实施瓦斯防治措施,经检验复查确定消除瓦斯突出风险后方能进行采掘和生产,一般无法经过瓦斯突出灾害取得准确的指标值。突出煤层虽有历史突出记录,但是历时已久,开采和生产条件都已发生变化,指标可靠性难以确保。即煤层突出风险分析和评判属于典型小样本贫信息系统事件,但是现代的安全生产政策对煤与瓦斯突出风险的评判和预警提出了更高要求,在缺乏突出动力灾害实际数据和历史数据的前提下,要保障突出风险预警的准确性,同时还需要考虑指标数据获取的便利性和经济性。这就要求突出风险预警体系越过生产现场突出动力灾害实践关键点,利用瓦斯突出风险的指标因素和瓦斯赋存特征的影响因素之间的关系,结合实际情况进行研究分析。

5.2.2　突出风险鉴定指标与瓦斯赋存特征的多源信息融合关联分析

煤与瓦斯突出风险指标从来源上分为警源指标和警兆指标。警源指标又分为内部指标和外部指标。煤与瓦斯突出内部指标,是指影响煤与瓦斯突出瓦斯赋存的先天地质条件,即煤与瓦斯突出的历史因素,如煤层及围岩特征、煤层孔隙率高低、煤层透气系数、围岩透气性系数、煤层倾角、煤质变质程度、煤层埋藏深度、煤的微孔比表面积、粒度、温度、微孔分形、煤的水分和灰分、固定碳、总比表面积、煤的挥发分、煤阶等因素;外部指标是指影响煤与瓦斯突出的人类活动影响要素,即煤与瓦斯突出的现实因素,如开采方式、巷道布置类型等。煤与瓦斯突出的警兆指标,即煤与瓦斯突出的实时因素,如喷顶夹钻、瓦斯忽大忽小、片帮掉渣等。

常规的判定煤层突出危险性指标临界值包括煤的破坏类型、瓦斯放散初速度 ΔP、煤的坚固性系数 f、瓦斯压力 P,只有四个指标全部达到或超过临界条件时,方可判定该煤层为突出煤层。煤层突出危险性鉴定单项指标临界值如表 5.1 所示。[112]

表 5.1　煤层突出危险性鉴定单项指标临界值

单项指标	破坏类型	瓦斯放散初速度 ΔP	煤的坚固性系数 f	瓦斯压力 P(MPa)
临界值	Ⅲ、Ⅳ、Ⅴ	$\geqslant 10$	$\leqslant 0.5$	$\geqslant 0.74$

针对传统的煤与瓦斯突出危险性分析模型融合度不高、自分析与优化能力不足、风险原因难追溯等问题,分析基于 BP 人工神经网络与常规瓦斯突出指标的多源信息融合关联程度,从而得出瓦斯突出风险预警指标关联方法。

以下主要从煤的煤阶、水分、温度、灰分、微孔分形、微孔比表面积、粒度等几个方面分析其与常规瓦斯突出指标的融合关联度。

1. 煤阶在瓦斯突出风险预警中的融合关联作用分析

煤阶是影响煤层吸附能力的控制因素,煤阶控制煤层吸附能力的实质是煤化作用引起的煤的孔隙、结构、表面物理化学性质作用的结果。随着煤阶升高,煤中孔隙结构呈规律性变化,煤中大孔和中孔逐渐闭合,而小孔和微孔逐渐增加,大量的小孔和微孔为瓦斯提供了更多的吸附空间,提高了煤的吸附能力。研究表明,煤的吸附性能与煤的变质程度之间并不存在着单指标联系,但有一个总的趋势,即在相同瓦斯压力下,煤的吸附瓦斯量随煤的变质程度提高而增大。

瓦斯放散初速度随着变质程度的降低而降低,坚固性系数随变质程度的增高而变小,据这两个指标判定的各变质程度煤样具有突出危险性的等级为:高变质程度无烟煤>中变质程度烟煤>低变质程度烟煤>未变质程度煤。灰分的存在降低了煤样的瓦斯放散初速度 ΔP,提高了煤样的坚固性系数,从而降低了煤与瓦斯的突出危险性。煤阶对煤体的 ΔP 和 f 值影响作用很大,而 ΔP 和 f 值又是判定煤与瓦斯突出的重要指标,因此煤阶也可作为预警煤与瓦斯突出风险的指标。

2. 水分、温度、灰分在瓦斯突出风险预警中的融合关联作用分析

煤中水分增高,吸附能力将降低,由于煤对水蒸气的吸附能力比对瓦斯的吸附能力大得多,同时水分子被煤吸附必定占据一定的表面积,致使瓦斯分子的吸附量减少。但当水分含量高于一定值时就不再对吸附能力产生影响,该值称为临界水分。煤样在达到临界水分值前,随水分的增加,吸附瓦斯量减小;当达到或者超过临界水分时,吸附瓦斯量不再随水分的增加而变化。水分对无烟煤、焦煤和长焰煤的瓦斯放散初速度均有影响,同一煤样的水分越大,瓦斯放散初速度越小。瓦斯放散初速度随水分增加呈现指数式减小。通过实验研究，证明煤的坚固性系数和瓦斯放散初速度受煤样水分的变化影响较大，可以使原本高于临界值的 ΔP 减少到临界值之下，也可以使临界值之下的 f 值增大到临界值以上。煤层注水是具有防突作用的。煤层原始含水率越高，发生煤与瓦斯突出的危险性越小。因此，可将煤层的原始含水率作为判断煤与瓦斯突出危险程度的一个重要指标。

温度对煤吸附瓦斯的能力有显著影响。研究表明，煤吸附瓦斯的过程是放热过程，因此在相同温度下，煤层温度越低，吸附瓦斯能力越强。当温度变化梯度较大时，瓦斯压力梯度也大，当煤层中的瓦斯压力和压力梯度较大时，若产生的最大拉应力超过抗拉强度，在煤层中将产生垂直于该拉应力方向的裂纹，此时煤层将发生拉伸破坏。如果拉伸破坏所释放的能量能够克服煤体抛出时的摩擦阻力，则将发生拉伸失稳破坏，也即发生煤与瓦斯突出。由此可见，温度梯度越大，越易导致突出的发生。

灰分的存在可能会改变煤的坚固性系数，进而影响煤的突出危险性，理论分析是因为灰分的无机物组成成分的硬度大于煤中有机物坚固性系数。煤的坚固性系数整体随灰分的增加而增加，故也可以证明灰分的增加可以降低突出危险性。

3. 分形维数在瓦斯突出风险预警中的融合关联作用分析

分形维数包含着煤体内表层与瓦斯分子直接接触的诸多方面的变化信息，是一项综合性指标。它可以区分密度指标无法区分的情况。因此，用分形维数指标代替常用的密度指标来评价煤层断裂的复杂程度更合理，也更准确。用分形维数值表示区域断裂构造系统的复杂程度，据此可以划分突出危险区、突出威胁区和无突出危险区。

4. 煤比表面积在瓦斯突出风险预警中的融合关联作用分析

煤的物理力学性质主要是指煤的结构破坏程度、煤的强度性质 f 值，以及与煤结构破坏有关的瓦斯放散初速度 ΔP 值。上述因素决定了突出的破碎功和受煤体物理力学性质因素控制的瓦斯放散速度。实践证明，它们是导致产生突出的主要因素之一。煤比表面积与煤的 ΔP 值有量的内在联系，同一变质程度的煤的强度性质 f 值与煤比表面积呈一定的变化关系；同时煤比表面积值的大小可区别突出危险煤和非突出危险煤。说明根据煤比表面积可以相对应地判断煤的物理力学性质特征。煤比表面积与煤的吸附瓦斯容量有量的函数关系,同时它还与煤的解吸瓦斯速度 v_1 值以及煤卸压后的第一分钟的绝对解吸量呈线性关系。国内外均将煤的解吸速度 v_1 值作为预警煤与瓦斯突出危险性的指标,这可以证明从瓦斯赋存视角来考查,煤比表面积与煤与瓦斯突出危险性存在密切的关系。

5. 煤样粒径在瓦斯突出风险预警中的融合关联作用分析

煤样粒径对煤与瓦斯突出强度的影响明显。随着煤样粒径的减小,突出强度有增大的趋势。在地应力、瓦斯压力、煤的含水率、突出口径相同的条件下,随着煤样粒径的减小,突出煤体的质量增加,突出强度增大,而突出的粉碎效果则呈减小趋势。这与井下软分层煤最易发生突出和突出强度相对较大的实际情况较为吻合。

通过分析煤阶、水分、温度、灰分、微孔分形、微孔比表面积、粒度等几个方面,分析其与常规瓦斯突出指标的融合关联度,可在常规瓦斯突出风险指标的前提下,辅助煤阶、水分、温度、灰分、微孔分形、微孔比表面积、粒度等指标,综合判定分析瓦斯突出风险,提高瓦斯突出风险预警的准确性。

5.3 BP 神经网络构建深度学习型
智能预警系统的可行性分析

人工神经网络(artificial neural networks)方法,简称 ANN,在 1943 年由心理学家麦卡洛克(W. S. McCulloch)和数学家皮茨(W. Pitts)首次提出,构建了神经元的数学描述和执行机制,建立了适合解决网络结构问题的 MP 模型(以上述两位发明者的姓氏首字母命名),开创了 ANN 研究的热潮。霍普菲尔德(J. J. Hopfield)(1984)基于计算能量概念提出的霍普菲尔德神经网络模型,提升了原有模型的稳定性和计算速度。鲁梅尔哈特(Rumelhart),辛顿(Hinton),威廉斯(Williams)(1985)提出多层次反馈型网络结构反向传播网络(Back-Propagation Network)模型,简称 BP 模型,BP 模型因具有客观性权值,且适应范围广、自我学习和自我纠错能力强而得到广泛应用和深入研究。BP模型和适合具体问题求解的精确算法结合能衍生出新型模型。目前公认的有：和遗传算法结合的 GA-BP 模型，和粒子群优化算法结合的 PSO-BP 模型，和人工鱼群算法结合的 AFSA-BP 模型，和布谷鸟搜寻算法结合的 CS-BP 模型，和和声算法结合的 HS-BP 模型等。杨真等（2019）使用 GA-BP 模型预测煤矿工作面顶板初次来压。[113]臧子婧，吴海波等（2020）采用 PSO-BP 模型预测煤层的瓦斯含气量。[114]王秋霞等（2020）使用 AFSA-BP 模型估测动力锂电池荷电状态（SOC）值。[115]王秀清，陈琪等（2020）应用 CS-BP 模型进行农业病害的识别与预防。[116]陈中汉（2019）使用 HS-BP 模型评价煤与瓦斯突出危险性。[117]但应用 HS-BP 模型对煤与瓦斯突出危险性进行研究时，偏重关联规则和智能算法的研究，缺少对突出危险性形成机理的研究。因此，针对生产实践的、面向微观结构特征的、基于客观赋存机理的智能模型的研究和应用十分必要。

5.3.1　BP 人工神经网络的原理与结构

人工神经网络是由大量模拟自然神经细胞的人工神经元互相关联组成的网状结构。人工神经元的工作方法是模拟人脑。人脑是人类到目前为止还未能完全解释其思维、意识和精神活动的神秘区域，但已能够初步探明其神经结构、细胞组成和认知机理。人工神经网络的工作机理是通过模拟大脑的认知机理构建一种数学运算模型，模型由大量类比成神经元的节点组成，节点的链接中蕴含"权值"，权值用来帮助模型实现类比大脑的记忆功能。人工神经网络模型功能的实现需要一定的学习准则，通过学习准则对事物进行认知，再通过对比进行判定，经过多重的学习和训练，人工神经网络找出输入数据和输出结果之间的内在联系，完成对目标问题的评价、判断和预警，如图 5.3 所示。

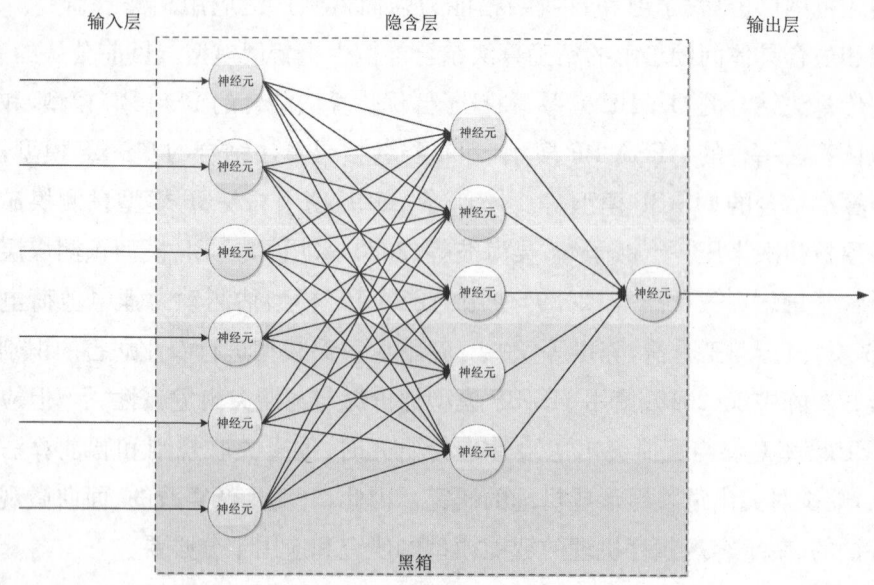

图 5.3　人工神经网络模型示意图

5.3.2　BP 人工神经网络的算法与优势

BP 人工神经网络模型主要是由输入层、隐藏层和输出层构成的多层次神经网络模型。隐藏层结构由实际分析的问题决定,既可以是多层结构,亦可以是单层结构。神经网络模型在最初的发展阶段是没有隐藏层的,只有由输入处理单元组成的输入层和输出处理单元组成的输出层,这种双层神经元结构处理问题的能力十分有限,后来随着研究的不断深入才引入了隐藏层,它的加入使人工神经网络模型处理信息的能力得到极大提高。隐藏层处理单元的联系机制可视为"黑箱"建模,无需明确的函数建模,只需输入大量训练样本,从训练样本数据中提取系统潜在特征,发掘系统发展规律,最终输出对研究对象的评价程度、控制建议和发展预测。

神经元是 BP 人工神经网络模型最基本的组成部分,又称处理单元。一个BP 模型中有很多处理单元,按照所处网络位置和数据处理机制不同,区分为输入层处理单元、隐藏层处理单元和输出层处理单元。输入层处理单元从外界样本中获取数据信息,经标准化转换后输入系统;输出层处理单元将黑箱系统处理结果反馈给外界,输入层处理单元、输出层处理单元都和外界直接产生联系;隐藏层处理单元则处于 BP 神经网络系统之中,不与外界产生联系,接收输入产生输出,只作用于相邻层处理单元,隐藏层通过连接权在 BP 神经网络中起着极为重要的作用。和其他决策方法不同,连接权无需通过调研或计算预先输入系统,BP 人工神经网络会根据解决的问题双向调整连接权,得到与事实最接近的权值,这样避免了人工赋权的主观干预,使 BP 人工神经网络具备卓越的客观信息处理功能,BP 人工神经网络具备正向传播和逆向纠正功能。但应区分"误差反向传播"和"反馈信息传播"。BP 人工神经网络是多层向前网络,信息流一直正向向前流动,没有反馈结构。正向传播过程的信息传播路径为:从输入层开始,经隐藏层逐层传播,最后由输出层传出。每一层处理单元的处理状态只影响相邻下一层处理单元,不会对同层处理单元状态形成干扰。将输出层输出的结果与事实结果进行比对,如果得到期望结果,处理程序结束;一般如果均方误差超过 0.1,则得到误差信号,转入逆向溯源纠正过程,即将误差信号按照原先正向传播连接通道返回,逐级修改各层处理单元的连接权,使得误差缩小。重复循环多轮正向传播和逆向纠正过程,称为迭代,经过多轮迭代直到网络系统收敛于稳态。

对多层人工神经网络进行训练时,需要提供样本,样本分为训练样本组和测试样本组。每个样本必须具备由输入样本数据和理想输出数据构成的对组数据。人工神经网络经过训练后,学习得到处理单元及连接权置于黑箱中,用习得的黑箱系统处理测试样本组数据,得到问题求解。

设 BP 人工神经网络训练组包含 N 个样本对组数据,该网络每层有 M 个神经元。对第 $p(p=1,2,\cdots,N)$ 个训练样本,节点 j 的输入总和为 C_{pj},输出为 O_{pj},理想输出值为 I_{pj},则

$$C_{pj} = \sum_{i=1}^{M} w_{ji}O_{pi} \tag{5-1}$$

$$O_{pj} = f(C_{pj}) \tag{5-2}$$

$$I = \frac{\left[\sum_{j}(I_{pj}-O_{pj})^2\right]}{2} \tag{5-3}$$

得到误差后进入逆向溯源纠正过程,连接权的纠正分为输入处理单元连接权纠正和输出处理单元连接权纠正。

$$\varphi_{pj} = \begin{cases} f'(C_{pj}) \sum_k \varphi_{pk} W_{kj}, \text{对于输入处理单元} \\ f'(C_{pj})(I_{pj} - O_{pj}), \text{对于输出处理单元} \end{cases} \quad (5\text{-}4)$$

得到 BP 人工神经网络的权值修正式为:

$$W_{ji} = W_{ji}(k) + \eta \varphi_{pk} O_{pj} \quad (5\text{-}5)$$

学习因子 η 的加入是为了加快 BP 人工神经网络的收敛速度,但有可能陷入局部最优由此可归纳 BP 人工神经网络的学习算法步骤如下:

(1) 初始化网络及学习参数,如输入数据标准化处理,设置学习因子 ρ 和势态因子 ϕ;

(2) 提供训练模式,训练 BP 人工神经网络,直到满足学习要求;

(3) 正向传播过程,对给定训练模式输入,计算 BP 人工神经网络的输出模式,与期望目标值进行对比,如有误差,则执行(4),如无误差,则进行(5);

(4) 反向溯源纠错过程,计算相邻上一层处理单元的误差,修正权值,返回(2);

(5) 提供学习模式,得到学习结果。

BP 人工神经网络的非线性处理能力能够突破线性处理的现有评价和预警方法的局限,一般的评价和预警方法在有矛盾关系和竞争关系的多因素综合作用系统中难以取得较好应用效果,而 BP 人工神经网络模型则能跨越这一障碍,网络所具备的自我训练、自我学习能力使得知识获取工作转换为网络的可变结构调整过程,BP 网络通过训练,可以从生产实践中提取求解目标的一般性原则,学会处理具体问题。综上推论,应用 BP 人工神经网络模型进行煤层瓦斯突出风险的评价和预警将是一个有效的实现方法。

5.4　煤层瓦斯突出风险的深度学习型智能预警系统构建与优化

5.4.1　构建煤层瓦斯突出风险的深度学习型智能预警系统

由于 BP 人工神经网络采用有监督的学习,因此用 BP 人工神经网络解决具体问题,如在对煤层瓦斯突出风险的评价和预警时,首先需要确定一个训练数据集。训练算法流程如图 5.4 所示。

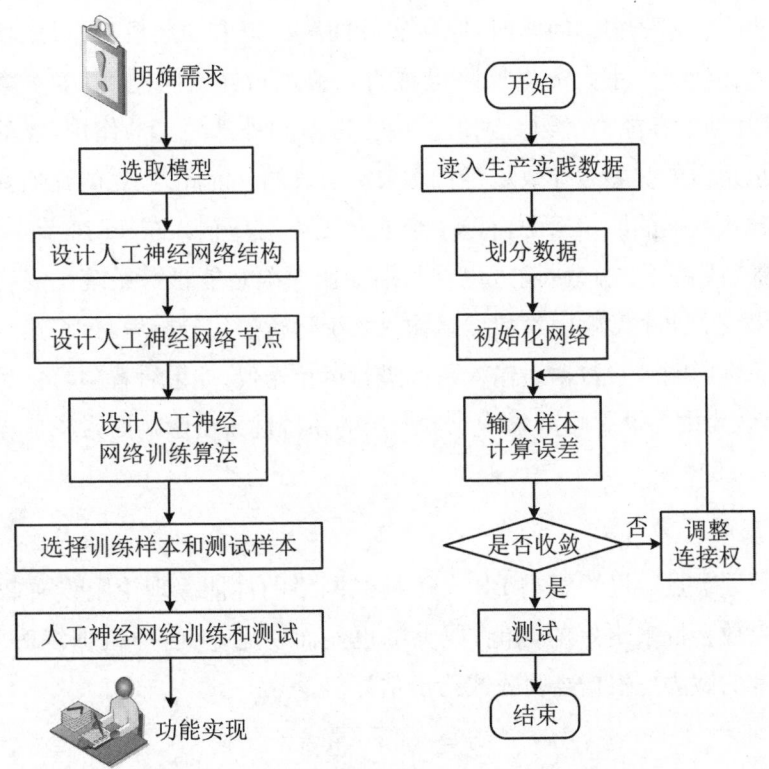

图 5.4　BP 人工神经网络设计开发与算法流程

BP 人工神经网络的设计主要包括网络层数、输入层节点数、隐藏层节点数、输出层处理单元个数、传输函数的选择、学习方法的选择等。

1. 网络层数

BP 人工神经网络可以设计一至多个隐藏层。已从理论上证明一个隐藏层的人工神经网络亦可以通过适当增加处理单元的个数实现任意的非线性映射。因此,对于大多数问题的求解,一个隐藏层即可以满足实际需要。但在应用计算中发现,如果样本较多,可通过增加隐藏层层数来有效减小人工神经网络规模。目标求解问题为煤层瓦斯突出风险预警,样本总数为 30 个,理论上采用三层 BP 人工神经网络可实现问题求解,即包含一个输入层、一个隐藏层和一个输出层。

2. 输入层节点数

输入层节点数取决于输入向量的维数和求解问题的要求。从输入来看,输入数据的表达方式也会影响输入向量的维数。求解问题亦会影响输入层节点数,如求解问题为二元函数问题,则输入数据应为 2 维向量。应用 BP 人工神经网络解决生产实践中的问题时,应从实际问题中提取抽象模型,形成输入和输出空间。瓦斯有无重大突出风险可视为二值逻辑异或问题,由第 4 章分析可知,煤的瓦斯赋存能力时刻受到煤的内在因素和外部因素的作用,煤的瓦斯突出风险也是由外在刺激导致赋存状态失衡引发的。因此,以煤的瓦斯赋存影响因素为输入数据的原始来源,将 11 个影响因素对应输入层 11 个节点数,将原始数据经过归一化处理后输入煤的瓦斯突出风险智能预警系统。为检验前文研究结果,在 11 个影响因素数据组输入系统运行迭代分析后,再将第 4 章提取的 6 个关键影响因素数据组输入系统进行运行迭代,如果后者预警正确率高于前者,可认为由关键影响因素构成输入层的系统优于由影响因素构成输入层的系统(图 5.5)。

3. 隐藏层节点数

隐藏层节点数设置影响 BP 人工神经网络的性能。理论上设置较多的隐藏层节点数会带来更好的性能,但弊端也显而易见,可能导致训练时间过长。目前通常的做法是根据经验公式给出估计值。

$$M = \sqrt{m+n} + a \tag{5-7}$$

其中,m 是输入层处理单元数量;n 是输出层处理单元数量;a 是调节常数,$a \in [0, 10]$。

4. 输出层处理单元个数

输出层处理单元个数需要根据从生产实践中衍生实际问题的抽象模型来确定。如果模型存在评价分类问题,如风险评价为低风险、较低风险、较高风险和高风险 4 类,则输出层需要 4 个处理单元。根据煤层是否存在瓦斯突出风险是逻辑异或问题,输出层处理单元设置为 1 个,取值为 1 或 0。

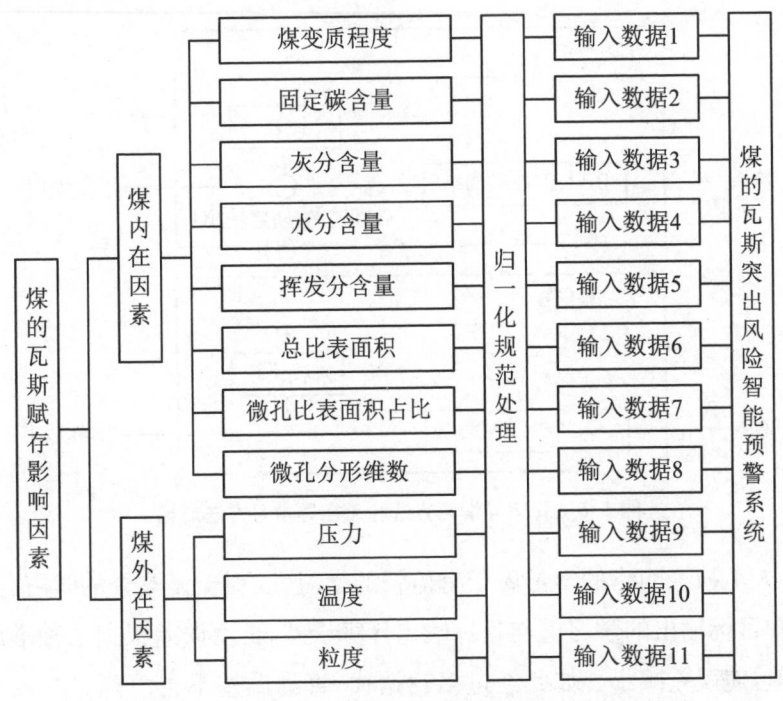

图 5.5　瓦斯突出风险智能预警系统输入数据来源图

5. 传递函数的选择

BP 人工神经网络的传递函数必须可微。一般隐藏层使用 Sigmoid 函数,输出层使用线性函数。根据输出层输出值是否包含负值,Sigmoid 函数分为输出值仅为正数的 Log-Sigmoid 函数和输出值涵盖正负区域的 Tan-Sigmoid 函数。Sigmoid 函数在全区域是光滑的可微函数,相比于线性函数,Sigmoid 函数在分类时更精确且容错性更好,Tan-Sigmoid 函数能够将输入从正负无穷的广泛范围映射到 $(-1,1)$ 区间内,同理,Log-Sigmoid 函数能够将输入映射到 $(0,1)$ 区间内。Sigmoid 可微的特点使函数可以利用梯度下降法。为避免将输出值约束在一个较小范围,一般输出层传递函数选择线性函数,但是考虑瓦斯突出风险系统特征,该 BP 人工神经网络的隐藏层传递函数和输出层传递函数均选用 Log-Sigmoid 函数,相比线性函数它的完成效率会更好。

6. 学习方法的选择

确定 BP 人工神经网络的层数、结构和传输函数后,还需要确定各层级之间的权值系数,方能根据输入给出正确的输出值。有指导学习方法流程与无指导学习方法流程的区别如图 5.6 所示。

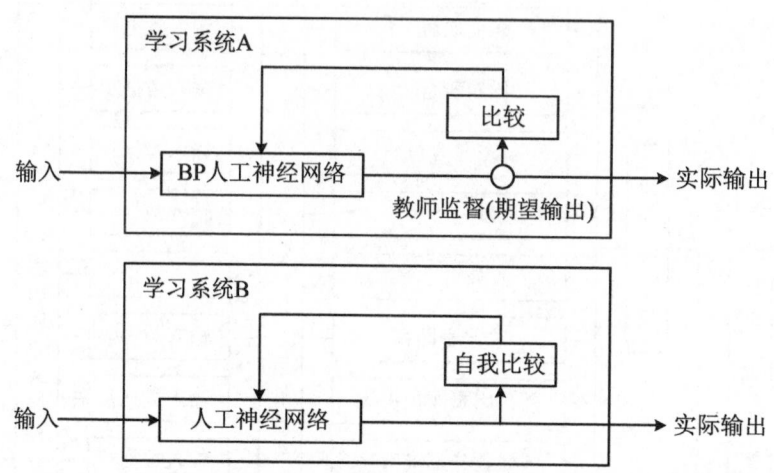

图 5.6 有指导学习方法和无指导学习方法对比

BP 人工神经网络的学习属于有监督的学习,区别于无监督的学习,必须有一组已知目标输出的学习值与目标输出计算误差,再由误差根据某种准则逐层修改权值,使误差减小。如此经过多轮迭代,直到误差不再下降,BP 人工神经网络就完成了学习过程。

BP 人工神经网络的学习方法一般选用最速下降法,即对于函数 $F(x)$,如果 $F(x)$ 在某点 x_0 处有明确定义且可微,则函数 $F(x)$ 在 x_0 处沿梯度相反的方向 $-\nabla F(x_0)$ 下降最快。因此,使用梯度下降法时,计算函数在某点处梯度,再沿梯度的反方向以一定的步长调整自变量的值。反复迭代,就可以求出函数的最小值。

根据梯度值可以由函数画出一系列等值面,等值面上函数值相等。最速下降法可视为沿着垂直于等值线的方向朝最小值位置移动,如图 5.7 所示。由实际计算过程可知,对于可微函数,最速下降法是求最小值的一种最有效方法。

但从图 5.7 亦可见,如果最小值附近较平坦,算法会在最小值附近收敛缓慢,模型效率降低,最坏的情况可能出现包含多个最小值的函数,算法会陷入寻求局部最小值陷阱,无法达到全局最小值点。可根据具体求解问题使用可变学习率 BP 法、拟牛顿法或列文伯格-马夸尔特(Levenberg-Marquardt)法等方法进行优化求解。

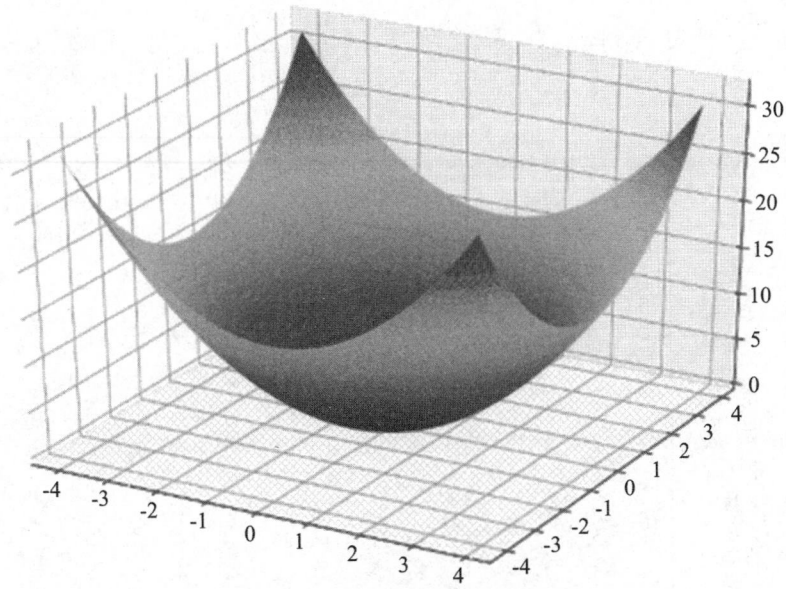

图 5.7　最速下降法应用下的函数曲面图

5.4.2　优化煤层瓦斯突出风险的深度学习型智能预警系统

样本数据来源为前文研究获取的 4 组数据和文献研究获取的 26 组数据，样本编号 5～30 分别为 P3、BZ、CY、XQ、GHS、YZG、RL、PM5、ZX、YZ、JLS、DFS4、HLH、SL、ZGR、FX、PM8、PM4、TS、XY、HBYZ、ZMC1、ZMC4、TL1、TL4、PM12 煤样。[118-124]文献获取数据组中有个别煤样的个别因素影响赋存量变化数列缺失，使用数据完备化方法进行补充。[118-126]

1. 定义变量

在第 4 章中通过灰色关联分析得到影响煤的瓦斯赋存能力的内在因素和外部因素，按照关联度大小将内外因素进行了统一排序。在本章节中，拟运用 BP 人工神经网络的黑箱系统检验上章研究成果。将输入层的变量数量和隐藏层的变量维数进行相应调整。对数据进行标准化处理，将原始数据转化为无量纲化指标测评值，如表 5.2 所示。

表 5.2 煤层瓦斯突出风险样本原始数据

样本编号	有无重要风险	煤阶影响 X_1	总比表面积影响 X_2	微孔比表面面积占比影响 X_3	微孔分形维数影响 X_4	固定碳含量影响 X_5	挥发分含量影响 X_6	灰分含量影响 X_7	水分含量影响 X_8	温度影响 X_9	粒度影响 X_{10}	压力影响 X_{11}
1	无	0.790	5.950	73.926	2.205	47.060	35.650	15.390	1.900	27.740	24.330	16.510
2	无	0.870	5.490	9.490	2.128	48.350	33.380	14.440	1.930	27.860	29.010	19.020
3	有	2.230	18.230	55.040	2.651	72.090	13.570	12.220	2.230	30.900	32.070	27.920
4	有	2.970	21.590	59.640	2.736	78.160	6.970	12.150	2.690	33.710	33.030	30.180
5	有	0.760	41.600	53.150	2.097	48.950	35.140	14.740	1.170	19.941	21.480	11.570
6	无	0.380	7.159	69.650	2.680	45.530	36.330	6.450	11.690	10.010	10.930	6.540
7	无	0.860	6.493	71.640	2.690	54.930	34.570	8.150	2.350	19.650	16.380	7.640
8	无	1.600	7.271	70.470	2.920	69.660	18.590	11.140	0.610	29.550	26.850	6.940
9	有	3.490	6.277	73.780	2.760	84.720	7.710	6.310	1.260	34.910	33.280	7.600
10	有	0.650	13.943	74.540	2.650	45.810	43.100	13.280	6.220	64.780	62.647	27.744
11	有	0.980	9.117	14.000	2.508	54.790	38.100	9.890	1.600	14.710	15.304	11.493
12	有	1.120	2.821	44.410	2.691	50.850	28.860	27.600	0.930	14.710	14.591	12.963
13	有	1.670	4.304	14.090	2.435	74.360	18.370	7.820	1.100	10.910	11.098	10.030
14	有	1.860	7.829	44.610	2.542	73.240	9.100	17.850	1.590	23.920	23.091	18.377
15	有	2.940	6.144	56.070	2.604	70.360	7.980	19.960	3.590	31.680	32.198	29.901

续表

样本编号	有无重要风险	煤阶影响 X_1	总比表面积影响 X_2	微孔比表面积占比影响 X_3	微孔分形维数影响 X_4	固定碳含量影响 X_5	挥发分含量影响 X_6	灰分含量影响 X_7	水分含量影响 X_8	温度影响 X_9	粒度影响 X_{10}	压力影响 X_{11}
16	无	0.730	31.234	79.247	2.960	46.620	32.940	15.780	4.660	24.897	25.129	16.489
17	无	0.360	37.109	83.950	2.670	38.540	34.250	9.190	18.020	18.017	18.185	9.611
18	无	0.340	29.895	88.088	2.930	39.860	31.340	9.670	19.130	18.219	18.389	8.815
19	无	0.580	30.136	88.841	2.700	47.010	38.370	11.250	3.370	25.959	26.201	13.702
20	无	0.790	5.950	73.926	2.205	47.060	35.650	15.390	1.900	27.740	24.330	16.510
21	无	0.630	20.205	89.117	2.810	57.940	28.930	6.940	6.190	19.551	19.733	12.076
22	有	1.900	18.972	89.790	2.780	72.160	13.260	9.930	4.650	23.961	24.184	20.388
23	有	1.830	21.643	89.780	2.800	68.470	15.280	9.010	7.240	20.844	21.038	15.678
24	无	1.360	14.566	88.365	2.830	68.240	16.530	8.340	6.890	18.046	18.214	13.170
25	无	1.330	18.166	89.442	2.870	67.980	17.880	9.100	5.040	17.119	17.279	12.185
26	有	1.220	17.959	89.921	2.790	65.430	21.640	8.790	4.140	20.217	20.405	13.837
27	有	3.380	5.876	72.380	2.811	83.150	5.500	8.410	2.940	35.609	35.941	23.900
28	有	3.440	7.468	71.220	2.954	83.190	5.710	8.570	2.530	44.535	44.950	29.892
29	有	2.180	7.398	72.470	2.835	78.900	9.340	10.210	1.300	31.507	31.801	21.148
30	有	2.230	7.787	70.530	2.954	80.150	9.890	11.670	1.330	38.754	39.116	26.012

在由输入层、隐藏层和输出层构成的三层 BP 人工神经网络中,设输入层处理单元个数为 M,隐藏层处理单元个数为 I,输出层处理单元个数为 J,输入层第 m 个处理单元记作 x_m,隐藏层第 i 个处理单元记作 k_i,输出层第 j 个处理单元记作 y_j。从 x_m 到 k_i 的连接权值为 ω_{mi},从 k_i 到 y_j 的连接权值为 ω_{ij}。传递函数选择为 Log-Sigmoid。

当构建网络接收 M 向量作为输入向量,最终输出 J 向量为输出向量。用 u 和 v 分别表示每一层的输入和输出,如用 u_I^1 表示 I 层的第一个处理单元的输入。BP 人工神经网络的实际输出为:

$$Y(n) = \left[v_J^1, v_J^2, \cdots, v_J^J \right] \tag{5-8}$$

网络模型的期望输出为:

$$d(n) = \left[d_1, d_2, \cdots, d_J \right] \tag{5-9}$$

当经过 n 次迭代后,第 n 次迭代的误差信号 $e\_j(n)$ 为:

$$e\_j(n) = d\_j(n) - Y\_j(n) \tag{5-10}$$

将误差能量定义为 $e(n)$,则 $e(n)$ 为:

$$e(n) = \frac{1}{2} \sum_{j=1}^{J} e_j^2(n) \tag{5-11}$$

2. 工作信号正向传播

输入层的输出等于整个网络的输入信号:

$$v_M^m(n) = x(n) \tag{5-12}$$

隐藏层第 i 个处理单元的输入 $u_I^i(n)$ 等于 $v_M^m(n)$ 的加权和:

$$u_I^i(n) = \sum_{m=1}^{M} \omega_{mi}(n) v_M^m(n) \tag{5-13}$$

传输函数 $f(\cdot)$ 为 Sigmoid 函数,隐藏层第 i 个处理单元的输出 $v_I^i(n)$ 等于:

$$v_I^i(n) = f(u_I^i(n)) \tag{5-14}$$

输出层第 j 个处理单元的输入 $u_J^j(n)$ 等于 $v_I^i(n)$ 的加权和:

$$u_J^j(n) = \sum_{i=1}^{I} \omega_{ij}(n) v_I^i(n) \tag{5-15}$$

输出层第 j 个处理单元的输出 $v_J^j(n)$ 等于:

$$v_J^j(n) = g((u_J^j(n))) \tag{5-16}$$

输出层第 j 个处理单元的误差:

$$e_j(n) = d_j(n) - v_J^j(n) \tag{5-17}$$

BP 网络的总误差 $e(n)$ 等于:

$$e(n) = \frac{1}{2} \sum_{j=1}^{J} e_j^2(n) \tag{5-18}$$

3. 误差信号反向传播

在权值调整阶段,沿网络逆向逐层反向调整权值。

首先调整输出层与隐藏层之间的权值 ω_{ij}。采用最速下降法,应计算误差对 ω_{ij} 的梯度 $\dfrac{\partial e(n)}{\partial \omega_{ij}(n)}$,再沿相反方向进行调整:

$$\Delta \omega_{ij}(n) = -\eta \frac{\partial e(n)}{\partial \omega_{ij}(n)} \tag{5-19}$$

$$\omega_{ij}(n+1) = \Delta \omega_{ij}(n) + \omega_{ij}(n) \tag{5-20}$$

梯度可由求偏导得到:

$$\frac{\partial e(n)}{\partial \omega_{ij}(n)} = \frac{\partial e(n)}{\partial e_j(n)} \cdot \frac{\partial e_j(n)}{\partial v_J^j(n)} \cdot \frac{\partial v_J^j(n)}{\partial u_J^j(n)} \cdot \frac{\partial u_J^j(n)}{\partial \omega_{ij}(n)} \tag{5-21}$$

因为 $e(n)$ 是 $e_j(n)$ 的二次函数,其微分为一次函数:

$$\frac{\partial e(n)}{\partial e_j(n)} = e_j(n) \tag{5-22}$$

$$\frac{\partial e_j(n)}{\partial v_J^j(n)} = -1 \tag{5-23}$$

输出层传递函数的导数:

$$\frac{\partial v_J^j(n)}{\partial u_J^j(n)} = g'(u_J^j(n)) \tag{5-24}$$

$$\frac{\partial u_J^j(n)}{\partial \omega_{ij}(n)} = v_I^i(n) \tag{5-25}$$

因此,梯度值为

$$\frac{\partial e(n)}{\partial \omega_{ij}(n)} = -e_j(n) g'(u_J^j(n)) v_I^i(n) \tag{5-26}$$

权值修正为

$$\Delta \omega_{ij}(n) = \eta e_j(n) g'(u_J^j(n)) v_I^i(n) \tag{5-27}$$

令局部梯度为 δ_J^j:

$$\delta_J^j = -\frac{\partial e(n)}{\partial u_J^j(n)} = -\frac{\partial e(n)}{\partial e_j(n)} \cdot \frac{\partial e_j(n)}{\partial v_J^j(n)} \cdot \frac{\partial v_J^j(n)}{\partial u_J^j(n)} = e_j(n) g'(u_J^j(n)) \tag{5-28}$$

则权值修正量可简化为

$$\Delta\omega_{ij}(n) = \eta\delta_j^i v_I^i(n) \tag{5-29}$$

局部梯度指明权值所需要的变化,处理单元的局部梯度等于该处理单元的误差信号与传播导数的乘积。

误差信号向前传播,对输入层和隐藏层之间的权值 ω_{mi} 进行调整,有

$$\Delta\omega_{mi}(n) = \eta\delta_I^i v_M^m(n) \tag{5-30}$$

$v_M^m(n)$ 为输入层处理单元的输出,有

$$v_M^m(n) = x^m(n) \tag{5-31}$$

局部梯度为 δ_I^i,有

$$\delta_I^i = -\frac{\partial e(n)}{\partial u_I^i(n)} = -\frac{\partial e(n)}{\partial v_I^i(n)} \cdot \frac{\partial v_I^i(n)}{\partial u_I^i(n)} = -\frac{\partial e(n)}{\partial v_I^i(n)} f'(u_I^i(n)) \tag{5-32}$$

$f(\cdot)$ 为 Sigmoid 传递函数,因为隐藏层不可见,所以无法直接求解误差对该层输出的偏导数,需要利用上一步计算中求得的输出层节点的局部梯度:

$$\frac{\partial e(n)}{\partial v_I^i(n)} = \sum_{j=1}^{J} \delta_J^i \omega_{ij} \tag{5-33}$$

故有

$$\delta_I^i = f'(u_I^i(n)) \sum_{j=1}^{J} \delta_J^i \omega_{ij} \tag{5-34}$$

至此,三层结构 BP 人工神经网络的一轮正向信号传播和反向权值调整完成。BP 网络为前向型网络结构,区别于反馈型神经网络,它的工作流始终是向前传输的。BP 人工神经网络的复杂之处在于连接权值接收到误差信息调整时,局部梯度的计算需要依据上一步的计算结果,以上一步局部梯度值加权求和。因此,BP 人工神经网络的权值学习调整次序只能从后往前依次进行。

4. 对 BP 模型进行算法优化

实践应用中发现最速下降法有收敛速度慢的缺点,不满足实践中对方法应用时效性的要求。针对这一缺陷,拟采用加入动量因子 α 的动量 BP 法。

引入动量因子 $\alpha,\alpha\in(0,1)$:

$$\Delta\omega(n) = -\eta(1-\alpha)\nabla e(n) + \alpha\Delta\omega(n-1) \tag{5-35}$$

即使用最速下降法时:

$$\Delta\omega = 学习率\,\eta \times 局部梯度\,\delta \times 上一层输出信号\,v \tag{5-36}$$

使用动量 BP 改进的最速下降法时：

$$\Delta\omega = 学习率\,\eta \times 局部梯度\,\delta \times 上一层输出信号\,v + 动量因式\,\alpha\Delta\omega(n-1)$$

$$(5\text{-}37)$$

改进后的权值调整式表明,权值的更新方向和幅度不仅与本次计算所得的梯度相关,还与上一次更新的方向和幅度相关,动量调整因式的加入,使权值的更新具有一定的惯性,并且具有一定的抗震荡能力和加快收敛的能力。

如果前后两次计算所得的梯度方向相同,按改进前的标准 BP 法,两次连接权值更新方向相同;按改进后的动量 BP 法,表示本次梯度反方向的 $-\eta(1-\alpha)\nabla e(n)$ 项与上一次连接权值更新方向相加,得到的权值较大,可以加速收敛过程,避免在同一梯度方向的单一位置过多停留。

如果前后两次计算所得梯度方向相反,说明在两个位置之间可能存在一个极小值。此时应该减小权值修改量,防止产生震荡。改进前的标准 BP 法采用固定学习率,无法根据实际情况调整学习率的值。在改进后的动量 BP 中,由于本次梯度的反方向 $-\eta(1-\alpha)\nabla e(n)$ 项与上次权值更新的方向相反,其震荡幅度会被 $\alpha\Delta\omega(n-1)$ 抵消一部分,得到一个较小的步长,更容易寻找到最小值点,而不会陷入来回震荡。一般实践应用中,动量因子取值范围为 $(0.1,0.8)$,瓦斯突出风险评判预警中,研究将动量因子取值为 0.8。

5. MATLAB 软件编程运行

(1) 数据读入:

在 MATLAB 中新建 M 函数文件 getdata.m,输入代码如下:

```
function [data,label]=getdata(xlsfile)
% [data,label]=getdata('coal.xls')
% 从 xls 文档读取煤阶、总比表面积、微孔比表面积占比、微孔分形维数、固定碳含量、挥发
分含量、灰分含量、水分含量、温度、粒度以及压力影响因素的数值


[~,label]=xlsread(xlsfile,1,'B2:B31');
[rank,~]=xlsread(xlsfile,'C2:C31');
[surface,~]=xlsread(xlsfile,'D2:D31');
[micros,~]=xlsread(xlsfile,'E2:E31');
[microf,~]=xlsread(xlsfile,'F2:F31');
[carbon,~]=xlsread(xlsfile,'G2:G31');
```

```
[volatile,~]=xlsread(xlsfile,'H2:H31');
[ash,~]=xlsread(xlsfile,'I2:I31');
[moisture,~]=xlsread(xlsfile,'J2:J31');
[temperature,~]=xlsread(xlsfile,'K2:K31');
[granularity,~]=xlsread(xlsfile,'L2:L31');
[pressure,~]=xlsread(xlsfile,'M2:M31');

data=[rank,surface,micros,microf,carbon,volatile,ash,moisture,temperature,granularity,
pressure];
l=zeros(size(label));
for i=1:length(l)
    if label{i}=='是'
        l(i)=1;
    end
end

label=l;
```

(2) 划分训练数据与测试数据:

在 MATLAB 中新建 M 函数文件 divide.m,输入代码如下:

```
function [traind,trainl,testd,testl]=divide(data,label)
% [data,label]=getdata('coal.xls')
%[traind,trainl,testd,testl]=divide(data,label)
%随机数
%rng(0)
%是非各取 4 个进行训练
TRAIN_NUM_M=4;
TRAIN_NUM_F=4;
%将是非分开
m_data=data(label==1,:);
f_data=data(label==0,:);

NUM_M=length(m_data); % 是的个数
%是
r=randperm(NUM_M);
```

```
traind(1:TRAIN_NUM_M,:)=m_data(r(1:TRAIN_NUM_M),:);
testd(1:NUM_M−TRAIN_NUM_M,:)= m_data(r(TRAIN_NUM_M+1:NUM_
M),:);

NUM_F=length(f_data);％非的个数

%非
r=randperm(NUM_F);
traind(TRAIN_NUM_M+1:TRAIN_NUM_M+TRAIN_NUM_F,:)=f_data(r(1:
TRAIN_NUM_F),:);
testd(NUM_M−TRAIN_NUM_M+1:NUM_M−TRAIN_NUM_M+NUM_F−TRAIN_
NUM_F,:)=f_data(r(TRAIN_NUM_F+1:NUM_F),:);

%赋值
trainl=zeros(1,TRAIN_NUM_M+TRAIN_NUM_F);
trainl(1:TRAIN_NUM_M)=1;
testl=zeros(1,NUM_M+NUM_F−TRAIN_NUM_M−TRAIN_NUM_F);
testl(1:NUM_M−TRAIN_NUM_M)=1;
```

（3）初始化动量 BP 网络：

采用一个包含隐藏层的神经网络，训练方法采用包含动量因子的最速下降法，以批量方式进行训练。由于输出层的输出值非 0 即 1，隐藏层和输出层的传输函数均选择 Log-Sigmoid 函数。创建网络并初始化，输入代码如下：

```
%%构造网络
net.nIn=11;
net.nHidden = 11;      % 有 11 个隐藏层节点
net.nOut = 1;          % 有一个输出层节点
w = 2 * (rand(net.nHidden,net.nIn)−1/2);   % nHidden * 11 一行代表一个隐藏层节点
b = 2 * (rand(net.nHidden,1)−1/2);
net.w1 = [w,b];
W = 2 * (rand(net.nOut,net.nHidden)−1/2);
B = 2 * (rand(net.nOut,1)−1/2);
net.w2 = [W,B];
```

（4）划分数据分组后，对样本初始数据进行归一化处理：

输入命令代码如下：

```
%%训练数据归一化
mm=mean(traind);
%均值平移
for i=1:11
    traind_s(:,i)=traind(:,i)-mm(i);
end
%方差标准化
ml(1) = std(traind_s(:,1));
ml(2) = std(traind_s(:,2));
for i=1:2
    traind_s(:,i)=traind_s(:,i)/ml(i);
end
```

（5）数据归一化处理后即可实施批量训练，计算误差：

```
%%训练
SampInEx = [traind_s';ones(1,nTrainNum)];
expectedOut=trainl;

eb = 0.01;
eta = 0.6;
mc = 0.8;
maxiter = 2000;
iteration = 0;

errRec = zeros(1,maxiter);
outRec = zeros(nTrainNum, maxiter);
NET=[]; %记录
%开始迭代
for i = 1 : maxiter
    hid_input = net.w1 * SampInEx;
    hid_out = logsig(hid_input);

    ou_input1 = [hid_out;ones(1,nTrainNum)];
```

```
ou_input2 = net.w2 * ou_input1;
out_out = logsig(ou_input2);


outRec(:,i) = out_out';


err = expectedOut - out_out;
sse = sumsqr(err);
errRec(i) = sse;                          % 保存误差值
fprintf('第 %d 次迭代　误差：　%f\n', i, sse);
iteration = iteration + 1;
```

（6）判断是否收敛：

如果误差小于误差容限，则算法收敛。

```
%判断是否收敛
if sse<=eb
    break;
end
```

（7）根据误差，调整连接权值：

使用引入动量因子的最速下降法，即除了第一次迭代外，后续的迭代均需要考虑前一次迭代的权值修改量，输入命令代码如下：

```
%误差反向传播
%隐藏层与输出层之间的局部梯度
DELTA = err.* dlogsig(ou_input2,out_out);
%输入层与隐藏层之间的局部梯度
delta = net.w2(:,1:end-1)' * DELTA.* dlogsig(hid_input,hid_out);


%权值修改量
dWEX = DELTA * ou_input1';
dwex = delta * SampInEx';


%修改权值,如果不是第一次修改,则使用动量因子
if i == 1
    net.w2 = net.w2 + eta * dWEX;
    net.w1 = net.w1 + eta * dwex;
```

```
else
    net.w2 = net.w2 + (1 - mc) * eta * dWEX + mc * dWEXOld;
    net.w1 = net.w1 + (1 - mc) * eta * dwex + mc * dwexOld;
end
%记录上一次的权值修改量
dWEXOld = dWEX;
dwexOld = dwex;

end
```

（8）测试：

对测试的数据进行与训练数据相同的归一化处理和参数设置，输入代码如下：

```
%%测试
%测试数据归一化
for i=1:11
    testd_s(:,i)=testd(:,i)-mm(i);
end


for i=1:2
    testd_s(:,i)=testd_s(:,i)/ml(i);
end


%计算测试输出
InEx=[testd_s';ones(1,30-nTrainNum)];
hid_input = net.w1 * InEx;
hid_out = logsig(hid_input);          % 隐藏层的输出
ou_input1 = [hid_out;ones(1,30-nTrainNum)];
ou_input2 =net.w2 * ou_input1;
out_out = logsig(ou_input2);
out_out1=out_out;

%取整
out_out(out_out<0.5)=0;
```

out_out(out_out>=0.5)=1;

%正确率

rate =sum(out_out == testl)/length(out_out);

至此,使用 BP 人工神经网络进行煤层瓦斯突出风险的样本学习和风险预警过程完成。运行脚本 main-batch.m,在命令窗口显示迭代过程和迭代结果。

MATLAB 计算结果显示:最终迭代次数 89,正确率为 72.73%,用时 17.43 s。

6. 对 BP 模型进行指标优化

结合第 4 章的研究成果,使用关键影响因素代替主要影响因素,将包含 11 组输入数据的 BP 人工神经网络模型转变为包含 6 组关键影响因素输入数据的 BP 人工神经网络模型,将隐藏层变量数由 11 个变为 6 个,学习率取值为 0.6 不变,动量因子取值为 0.8 不变,其他参数和算法语句不变。编程代码详见附录 2。

运行使用关键影响因素构成的系统程序 main-batch.m。含 6 个关键影响因素的 BP 人工神经网络模型的 MATLAB 程序运行结果显示:最终迭代次数 339 次,正确率上升为 77.27%,用时 17.97 s。

使用 11 个重要影响因素和 6 个关键影响因素的 BP 人工神经网络模型的 MATLAB 运行结果界面对比如图 5.9 所示。

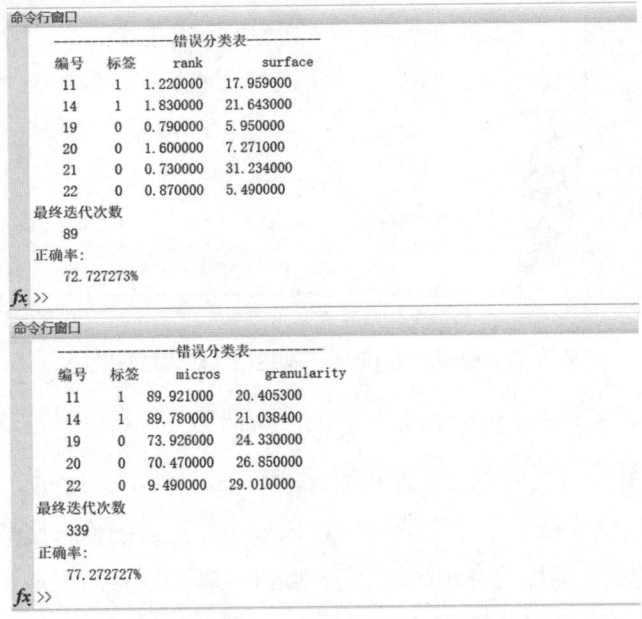

图 5.9　两种方案 BP 人工神经网络模型预警结果对比

使用 11 个重要影响因素和 6 个关键影响因素的 BP 人工神经网络模型的 MATLAB 计算误差平方和对比如图 5.10 所示。

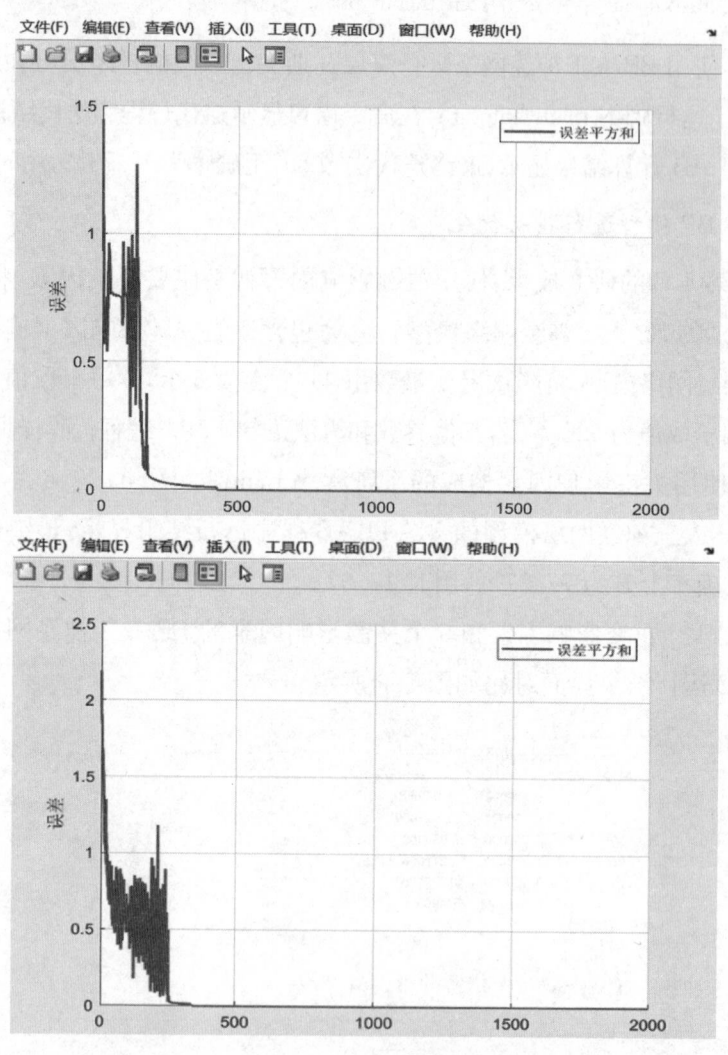

图 5.10　两种方案 BP 人工神经网络迭代过程对比

使用 11 个重要影响因素和 6 个关键影响因素的 BP 人工神经网络模型的 MATLAB 计算运行时间和主程序运行完成时间如图 5.11 所示。

综上所见,以煤的瓦斯赋存影响关键因素指标为系统输入层数据的深度学习型智能预警系统的煤层突出风险预警准确性,高于以煤的瓦斯赋存影响因素指标为系统输入层数据的预警系统准确率,且前者的迭代误差更小,兼具良好的时效性。因此,使用煤的瓦斯赋存关键影响因素的深度学习型智能预警系统具有更优的应用价值。

函数名称	调用次数	总时间	自用时间*	总时间图（深色条带 = 自用时间）
main_batch	1	7.688 s	0.539 s	
getdata	1	4.882 s	0.021 s	
xlsread	12	4.861 s	0.067 s	

函数名称	调用次数	总时间	自用时间*	总时间图（深色条带 = 自用时间）
main_batch	1	8.033 s	0.616 s	
getdata	1	4.967 s	0.025 s	
xlsread	7	4.943 s	0.071 s	

图 5.11　两种方案 BP 人工神经网络处理时间对比

5.5　突出风险致因指标深度学习型智能预警系统的运行与验证

瓦斯突出动力灾害是煤的物理性质、瓦斯压力和地应力综合作用下的产物,经典瓦斯突出预警及突出临界点的确定是由生产实践现场测试界定的。现以瓦斯体积 V_L、瓦斯压力 P、水平地应力 σ_1 和垂直地应力 σ_2 为智能动量 BP 人工神经网络的输入层指标数据。

1. 样本数据的测定和收集

(1) 地应力指标数据的测定和收集。地应力是存在于地壳中的未受工程扰动的天然应力。在瓦斯突出事故的发生过程中,地应力与瓦斯压力是突出事故发生和发展的动力,因此,精准测定地应力具有重要意义。确定一个地区地应力的量值,最佳方法是进行现场原位测量。依据国际岩石力学学会(ISRM)试验专业委员颁布的《岩石应力测定的建议方法》,采用中国地质科学院地质力学研究所研制的 KX-81 型空心包体三轴地应力计，委托安徽理工大学煤炭安全精准开采国家地方联合工程研究中心进行水平地应力 σ_1 和垂直地应力 σ_2 的测定。测试数据如表 5.3 所示。

（2）瓦斯压力指标数据的测定和收集。《防治煤与瓦斯突出细则（2019）》对瓦斯压力 P 的临界值点界定为 0.74 MPa，即当该测试点瓦斯压力 $P>$ 0.74 MPa 时，该测试点具有瓦斯突出风险；当该测试点瓦斯压力 $P<0.74$ MPa 时，该测试点没有瓦斯突出风险。但是仅凭该单项指标，界定并不准确。瓦斯压力测定选择钻孔测压法，依据《煤矿井下煤层瓦斯压力的直接测定方法（AQ/T 1047-2007）》国家标准，采用被动测压法，委托安徽理工大学煤炭安全精准开采国家地方联合工程研究中心进行瓦斯压力 P 测定。测试数据如表 5.3 所示。

（3）煤的性质指标数据的收集和处理。煤的性质主要是指煤的瓦斯赋存特性。此处瓦斯含量 V 与瓦斯压力 P 均为生产实践中的煤层瓦斯含量和瓦斯压力。瓦斯含量是吸附态瓦斯和游离态瓦斯的和，瓦斯压力 P 和瓦斯含量 V 之间的关系基础是朗格缪尔方程。《防治煤与瓦斯突出细则（2019）》建议瓦斯含量 V 的临界值为 8 m^3/t。煤的瓦斯极限吸附量能够反映煤的瓦斯赋存性质，本书选用煤的瓦斯极限吸附量替代瓦斯含量进行智能动量 BP 预测系统的运行，如表 5.3 所示。

表 5.3　煤层瓦斯突出动力灾害致因因素数据表

样本编号	有无突出风险	瓦斯量 V_L （cm^3/g）	瓦斯压力 P （MPa）	水平应力 σ_1 （MPa）	垂直应力 σ_2 （MPa）
1	无	28.662	0.64	14.56	18.86
2	无	29.648	0.70	11.74	20.76
3	有	33.691	1.27	11.24	18.04
4	有	34.097	1.40	12.19	20.29
5	有	19.588	0.62	28.63	26.32
6	无	10.644	0.44	10.58	12.35
7	无	16.56	0.47	11.96	15.05
8	无	26.823	0.44	12.92	8.45
9	有	33.706	0.48	20.83	17.75
10	有	28.662	0.64	14.56	18.86

续表

样本编号	有无突出风险	瓦斯量 V_L （cm^3/g）	瓦斯压力 P （MPa）	水平应力 σ_1 （MPa）	垂直应力 σ_2 （MPa）
11	有	64.319	1.31	14.74	16.81
12	有	15.713	0.64	18.90	20.68
13	有	14.981	0.71	21.56	20.87
14	有	11.394	0.56	18.46	17.36
15	有	23.707	0.89	17.36	19.83
16	无	33.058	1.37	12.76	12.13
17	无	25.800	0.63	7.17	11.14
18	无	18.670	0.54	16.83	14.66
19	无	18.880	0.54	14.44	8.82
20	无	26.900	0.63	16.88	7.86
21	无	20.260	0.67	9.63	9.91
22	有	24.830	1.01	17.73	20.76
23	有	21.600	0.79	20.15	22.27
24	无	18.700	0.71	8.44	17.34
25	无	17.740	0.66	7.00	12.74
26	有	20.950	0.74	21.04	18.12
27	有	35.438	1.13	18.74	21.51
28	有	36.072	1.37	13.98	20.81
29	有	32.076	1.02	19.85	17.87
30	有	33.201	1.20	16.37	14.80

2. 瓦斯突出风险致因因素指标的深度学习型智能预警系统运行结果与分析

数据收集完成后,在 MATLAB 程序中修改对应参数设置,将输入层由 6 个输入指标变为 4 个输入指标,将隐藏层由 6 个神经处理单元变为 4 个神经处理单元,学习率取值为 0.6 不变,动量因子取值为 0.8 不变,应用引入动量因子和批量处理程序的深度学习型智能预警系统对致因因素指标样本数据进行处理。以致因因素样本数据为输入层处理单元的深度学习型智能预警系统的预警正确率如图 5.11 所示,系统运行时间如图 5.12 所示,MATLAB 计算迭代次数和震荡幅度如图 5.13 所示。

命令行窗口

最终迭代次数
68
正确率：
81.818182%

fx »

图 5.11　瓦斯突出致因指标的动量智能 BP 模型运行结果

函数名称	调用次数	总时间	自用时间*	总时间图(深色条带=自用时间)
main_batch	1	2.553 s	0.221 s	
getdata	1	1.462 s	0.009 s	
xlsread	5	1.453 s	0.025 s	

图 5.12　瓦斯突出致因指标的动量智能 BP 模型运行时间

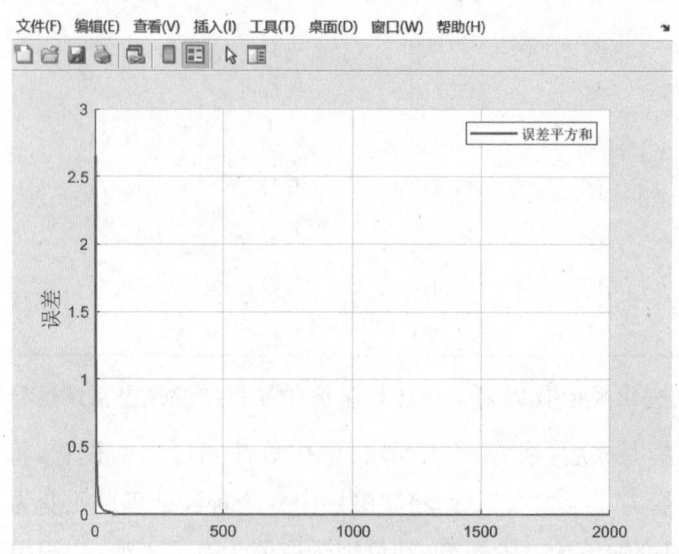

图 5.13　瓦斯突出致因指标的动量智能 BP 模型迭代与误差

对比使用不同指标体系的深度学习型智能预警系统的运行结果，发现使用瓦斯突出风险致因因素指标为输入层处理数据的系统预警正确性高于使用煤的瓦斯赋存关键影响因素为输入层处理数据的系统预警正确性。使用瓦斯突出风险致因因素指标的深度学习型智能系统预警正确率达 81.82%,使用煤的瓦斯赋存关键影响因素指标的深度学习型智能系统预警正确率为 77.27%,前者虽比后者同比高 5%,但未形成显著性差异。分析使用瓦斯突出风险致因因素指标系统正确率略高的原因,认为瓦斯突出风险致因因素指标体系全面测算了煤的性质、瓦斯特性和地应力因素在瓦斯突出风险过程中的综合作用,特别是细化考察了水平地应力和垂直地应力在瓦斯突出风险过程中的重要作用,更符合现场实际情况。应用瓦斯突出风险致因因素指标的深度学习型智能预警系统的运行时效性和误差率也优于使用煤的瓦斯赋存关键影响因素指标为输入层处理单元数据的深度学习型智能预警系统,但是完成时间差基本都控制在数秒之内,都能够在极短时间内完成复杂条件下的评判及预警。综上所述,虽然使用瓦斯突出风险致因因素指标的深度学习型智能预警系统的预警正确性、预警时效性和迭代误差率略优于使用煤的瓦斯赋存关键影响因素指标的深度学习型智能预警系统,但是预警正确率差距较小,且两者的预警时效性均能满足实践需求,故在实践条件不支持瓦斯突出风险致因因素指标的现场反复测试要求时,使用实验室试验测定煤的瓦斯赋存关键影响因素指标数据作为输入层处理单元的深度学习型智能预警系统可以作为防突预警的有效替代。

第6章 瓦斯突出风险深度学习型智能预警方法的优势与展望

6.1 方 法 总 结

中国七成煤炭生产场所及在建矿井为高瓦斯矿井,煤与瓦斯突出风险防治压力大。如何发现瓦斯突出风险的征兆并预警控制危害是保障安全生产的关键。

现行煤矿生产现场一般采用局部试验测定方法划分突出风险区域,在鉴定具有突出风险区域内实施瓦斯防治措施,经检验复查确定消除瓦斯突出风险后方能进行采掘和生产。这种测定方法的缺点一是为求准确需要现场反复试验和测定完成;二是无法根据实践采掘条件变化适时调整数据;三是需要人工操作接入煤炭企业现有数字化平台;四是无法解释低瓦斯煤层的瓦斯突出风险事故问题。

　　本书针对以上缺点,选取煤中瓦斯赋存为全新研究视角,瓦斯赋存静态特征数据可使用实验室方法试验得到,外部应力应变动态特征数据可实时监测得到。联合使用灰色关联分析方法和深度学习人工智能方法构建瓦斯突出风险智能预警模型,该预警模型具有自学习、自反馈、自纠错的智慧化特点,实时分析效率高,已实测能够对低瓦斯煤层的瓦斯突出风险进行智能预警。

　　第一,从淮南煤田和沁水煤田采集两组煤样,按照《煤的镜质体反射率显微镜测定方法》(GB/T 6948—2008)在国家煤化工产品质量监督检测中心进行镜质组最大反射率 $R_{o,max}$ 测定。按照《煤的工业分析方法》在煤炭安全精准开采国家地方联合工程研究中心的 WS 自动工业分析仪完成煤样的工业分析测定,选用霍多特分类法对孔隙进行分类,分析不同的孔径中瓦斯的吸附解吸发生机理。采用全自动压汞分析仪,使用对孔径测算范围更广的压汞实验法对 4 种煤样进行实验测试。测得 DJ 煤总孔体积为 0.062 cm³/g,微孔、小孔、中孔和大孔、裂隙的体积比为 12.952% : 12.793% : 1.868% : 72.387%;测得 LZ 煤总孔体积为 0.078 cm³/g,微孔小孔、中孔和大孔、裂隙的体积比为 9.486% : 10.944% : 4.867% : 74.703%;测得 YW 煤总孔体积为 0.036 cm³/g,微孔、小孔、中孔和大孔、裂隙的体积比为 55.042% : 31.699% : 6.051% : 7.208%;测得 CZ 煤的总孔体积为 0.040 cm³/g,微孔、小孔、中孔和大孔、裂隙的体积比为 59.634% : 26.301% : 4.427% : 9.637%。测得 DJ 煤总比表面积为 5.95 m²/g,微孔、小孔、中孔和大孔、裂隙的比表面积比为 73.926% : 25.667% : 0.334% : 0.073%;测得 LZ 煤总比表面积为 5.49 m²/g,微孔小孔、中孔和大孔、裂隙的比表面积比为 71.146% : 27.801% : 0.914% : 0.139%;测得 YW 煤总比表面积为 18.23 m²/g,微孔、小孔、中孔和大孔、裂隙的比表面积比为 87.938% : 11.789% : 0.264% : 0.009%;测得 CZ 煤的总比表面积为 21.59 m²/g,微孔、小孔、中孔和大孔、裂隙的比表面积比为 89.918% : 9.932% : 0.141% : 0.008%。通过实验测得孔径与孔容的变化关系,得到高阶煤对汞的吸纳能力主要取决于小微孔孔隙结构,中阶煤对汞的吸纳能力主要取决于裂隙的体积和结构的结论。由进汞曲线和退汞曲线及构成的回滞区特征可知,中阶煤中 LZ 煤比 DJ 煤的连通度好,高阶煤中 YW 煤和 CZ 煤小微孔的连通度均差,在中孔以上孔隙中 YW 煤的孔隙连通度优于 CZ 煤的孔隙连通度。联合使用门格理论方程和沃什伯恩处理方程对进汞曲线进行分析,得到 DJ 煤的微孔、小孔、中孔、大孔及裂隙的分形维数分别为 2.205、2.072、2.014、2.497;LZ 煤的微孔、小孔、中孔、大孔及裂隙的分形维数分别为 2.128、2.057、2.029、2.520;YW 煤的微孔、小孔、中孔、大孔及裂隙的分形维数分别为 2.651、2.536、2.241、2.412;CZ 煤的微孔、小孔、中孔、大孔及裂隙的分形维数分别为 2.736、2.479、2.150、2.442。由分形维数计算结果可见,中阶煤和高阶煤的微孔分形维数均高于小孔和中孔的分形维数,说明中高阶煤中微孔的粗糙程度均高于小、中孔的孔隙粗糙程度;在高阶煤中微孔分形维数高于大孔及裂隙分形维数,说明在高阶煤中微孔的粗糙程度高于其他三类孔隙结构,会比其他三类孔隙结构对瓦斯的赋存机能更大。

第二,综合使用低温液氮吸附实验和压汞实验探究煤的微观孔隙结构特征后,使用等温变压条件下的甲烷气体吸附脱附实验探究甲烷在煤的微观孔隙结构中的赋存能力,对比使用基于不同机理的朗格缪尔模型、BET 模型和 D-A 模型对极限赋存量进行估算和分析。在采集等温变压甲烷吸附实验数据的基础上,分别应用朗格缪尔模型、BET 模型和 D-A 模型对数据进行处理和拟合分析,发现应用最广泛的、基于单分子层吸附原理的朗格缪尔模型实际拟合效果最差,基于微孔填充理论的 D-A 模型实际拟合效果最好,基于多分子层吸附理论的 BET 模型拟合相关系数值居中。在分析基于微孔填充机理与单分子层吸附机理计算造成的赋存量误差后,提出瓦斯在微观孔隙结构中以吸附态为主的赋存是以微孔填充机理赋存为主,辅以多分子层吸附机理赋存,并存在一定量的单分子层吸附。

第三,根据瓦斯风险综合假说,分析研究不同因素对瓦斯突出风险的影响作用,根据因素作用机理和作用路径的不同,将作用因素区分为内在因素和外部因素,分析煤的工业组分、变质程度、孔径分布、分形特征、压力、温度、粒径对煤的瓦斯赋存能力的影响。通过实验测试和模型计算,发现随着煤的灰分含量的增加,煤的吸附体积明显减小,当灰分含量大于 14.5% 时,煤对瓦斯的吸附量小于 30 mL/g;煤对瓦斯的吸附随煤的挥发分含量的增大而减小,当煤的挥发分含量大于 30.49% 时,煤对瓦斯的吸附量小于 30 mL/g。煤对瓦斯的吸附能力随煤中水分的增大而减小,当煤中水分含量大于 2.0% 时,煤对瓦斯的吸附量小于 30 mL/g。煤的变质程度通过改变煤的微观结构间接影响煤中瓦斯赋存量,最大镜质组反射率 $R_{o,max}$ 的值在 0.79%～2.97% 区间范围内,煤对瓦斯的极限吸附量随煤阶的升高而增大,煤对瓦斯的极限吸附压力随煤阶的升高而减小。煤的孔径分布特征元素中煤的微孔体积占比和煤的微孔比表面积对煤中瓦斯赋存量有重要影响,两个因素影响方向一致,但煤的微孔比表面积占比比煤的微孔体积占比影响效果更为明显,所以选取煤的微孔比表面积占比作为重要影响因素。分析微孔、小孔、中孔、大孔及裂隙分形维数对煤的瓦斯赋存能力的影响,发现随微孔分形维数的增大,孔表面变得更加粗糙,对瓦斯气体分子的赋存能力增强,但分析 4 个煤样小孔、中孔、大孔及裂隙的分形维数与煤的瓦斯赋存量的关系,未见明显线性关系;分析压力与煤的瓦斯赋存量的关系,发现随压力的增大,4 个煤样对瓦斯吸附能力均增加且中阶煤对甲烷吸附量的增加值大于同等压力增加下高阶煤对瓦斯吸附量的增加值。在等温变压实验条件下增设恒温水浴,采用变温变压实验分析温度对煤的瓦斯赋存能力的影响,发现随温度的升高,煤的瓦斯赋存能力下降,温度变化和煤的瓦斯赋存能力呈反向变化关系。通过筛选不同粒径煤样置于实验系统,分析粒径变化对煤的瓦斯赋存能力的影响,发现随粒径的减小,煤对瓦斯的极限吸附量实现微增,解吸速度实现增加。采用针对性的灰色系统关联分析法研究煤的瓦斯赋存能力的影响因素,按各因素对煤的瓦斯赋存能力的影响程度由高到低综合排序应为:微孔比表面积占比 X_3、粒度 X_{10}、温度 X_9、微孔分形 X_4、水分含量 X_8、固定碳含量 X_5、压力 X_{11}、灰分含量 X_7、总比表面积 X_2、煤阶 X_1、挥发分含量 X_6;按内在因素对煤的瓦斯赋存能力影响程度由高到低排序依次为:微孔比表面积占比 X_3、微孔分形 X_4、水分含量 X_8、固定碳含量 X_5、灰分含量 X_7、总比表面积 X_2、煤阶 X_1、挥发分含量 X_6;按外部因素对煤的瓦斯赋存能力影响程度由高到低排序依次为:粒度 X_{10}、温度 X_9、压力 X_{11}。

第四,应用"球壳失稳"理论分析瓦斯突出风险事故发展过程,受力失衡是瓦斯突出风险的激发诱因,煤层赋存瓦斯暗藏风险,正确预警煤层瓦斯突出风险能够有效降低生产实践中煤与瓦斯突出事故的发生。进行瓦斯突出风险致因因素与瓦斯赋存影响因素的多源信息融合关联分析,瓦斯突出风险致因因素包括煤的性质、瓦斯压力和地应力因素,地应力(水平地应力、垂直地应力)、瓦斯(瓦斯压力、瓦斯含量)和煤的性质(孔隙结构特征、煤的瓦斯赋存特征)的综合作用决定煤层是否会发生瓦斯突出风险。针对传统的煤与瓦斯突出风险预警指标自分析与自优化能力不足、警兆原因难追溯等问题,研究煤的瓦斯赋存特征指标与常规瓦斯突出风险指标的多源信息融合关联程度,主要从煤的煤阶、水分、温度、灰分、微孔分形、微孔比表面积、粒度等分析其与常规瓦斯突出风险鉴定指标的融合关联度。采用人工智能的方法,构建 BP 人工神经网络模型,并进行算法优化。构建具有输入层、隐藏层和输出层的多层人工神经网络模型,采用传输函数并使用 MATLAB 编程使模型具备自学习、自纠错和自反馈的智能化特点,利用加入动量因子并使用批量处理方法改进最速下降算法,使改进后的动量 BP 人工神经网络既具有智能化预警的优点,又能避免传统人工神经网络迭代速度慢和有可能因错取区域最小值而失去全局最小值的弊端。运用煤的瓦斯赋存关键影响因素进行动量 BP 人工神经网络模型的指标优化。将采集到的 30 组煤层样本的 12 列煤的瓦斯赋存影响因素数据输入构建的智能动量 BP 人工神经网络模型,令学习率为 0.6,动量因子为 0.8,利用 MAT-LAB 软件编程实现预测功能,11 项主要影响因素输入系统后动量 BP 人工神经网络预警正确率为 72.73%,最终迭代次数为 89,用时为 17.43 s;运用煤的瓦斯赋存关键影响因素进行指标优化,将隐藏层变量由 11 个缩减为 6 个,采用 6 个关键影响因素对煤层瓦斯突出风险进行预警的正确率为 77.27%,正确率同比增加 6.25%,最终迭代次数为 339 次,正确率提高的同时保证优秀的时效性,在生产实践中有更好的应用价值。通过研究认为,联合使用煤的瓦斯赋存关键影响因素指标体系和动量 BP 人工神经网络模型构建的深度学习型智能预警系统能够应用于工作现场的突出风险预警。采用 6 个瓦斯赋存关键影响因素构成的动量 BP 人工神经网络对于煤层瓦斯突出风险的判识效果优于使用 11 个瓦斯赋存影响因素构成的动量 BP 人工神经网络。优化后的指标体系避免了冗余信息对智能预警系统的干扰,深度学习型智能预警系统能够作为瓦斯突出风险的工作面的风险预警技术方法。

第五,使用常规的瓦斯突出风险致因因素指标体系的系统运行验证使用煤的瓦斯赋存关键影响因素指标体系的系统的实践正确性。将 30 组煤层样本的瓦斯含量、瓦斯压力、水平地应力和垂直地应力数据作为深度学习型智能预警模型的输入数据,修改输入层个数为 4 个、隐藏层变量为 4 个,其他系统参数设置保持不变,系统运行结果为预警正确率达 81.82%,最终计算迭代次数为 68 次,系统预警完成时间为 5.47 s。从两种指标体系的预测完成情况可考查深度学习型智能预警系统的突出风险预警效果,采用煤的瓦斯赋存关键影响因素指标体系的系统预警正确率和系统预警时效性均稍逊于使用常规的瓦斯突出风险致因因素指标体系的系统。但因煤与瓦斯突出事故是典型的小样本贫信息系统,部分灰色信息无法现场反复测定,这时可使用文中开发的深度学习型智能预警系统作为有益参考,可利用实验室试验完成趋近性的正确预警,对现场防突实践有重要价值。

综上所述,通过实地采集在产矿井煤样,采用工业分析测试、镜质组反射率测试、压汞实验和低温液氮实验等方法,分析研究了瓦斯赋存场所即中高阶煤的微观孔隙结构特征。基于赋存结构特征和瓦斯吸附解吸实验,数理分析瓦斯气体分子在煤中赋存特征,拟合分析得到瓦斯气体分子在孔隙结构中吸附解吸的主要影响因素和关键影响因素,构建了面向突出风险预警的,具有自学习、自纠错、自反馈等智能化优点的 BP 人工神经网络模型。采用瓦斯赋存关键影响因素进行模型的指标优化,利用动量最速下降法进行模型的算法优化,使用MATLAB 编程实现突出风险的预警技术,最后应用矿井实践中突出风险致因因素指标输入智能化系统检验该预警技术方法。通过研究获得有益结论如下:

(1) 研究分析中高阶煤的孔隙连通特征。通过测得煤样的平均孔径、孔体积、比表面积和孔径分布特征,依据分类标准,判定中阶煤中 DJ 煤回滞环为 H5类,微、小孔孔隙中部分孔道被堵塞;中阶煤中 LZ 煤回滞环为 H3 类,是未被凝聚物填充、平均孔径较大的多孔煤体;在中阶煤对比中,孔径较大的多孔煤体的连通性显著优于部分孔道堵塞的煤体;高阶煤中 YW 煤和 CZ 煤回滞环符合H2 类回滞环特征,均为具有墨水瓶状孔隙结构的多孔煤体,回滞环面积的差距说明墨水瓶状孔隙的孔颈宽窄不同。高阶煤中 YW 煤和 CZ 煤的小、微孔的连通性均差,在中孔以上孔隙对比中,YW 煤的孔隙连通性优于 CZ 煤的孔隙连通性。

(2) 研究分析中高阶煤的孔隙分布特征。实验测得不同孔径孔隙的孔体积分布特征:中阶煤中中孔、大孔和裂隙的孔体积约占总孔体积的 74.26%～79.57%,微孔、小孔的孔体积约占总孔体积的 20.43%～25.76%;高阶煤中中孔、大孔和裂隙的孔体积约占总孔体积的 13.26%～14.06%,微孔、小孔的孔体积约占总孔体积的 85.94%～86.74%。实验测得不同孔径孔隙的比表面积分布特征:中阶煤中微孔比表面积约占总比表面积的 71.15%～73.93%,小孔、中孔、大孔和裂隙的比表面积约占总比表面积的 26.07%～28.85%;高阶煤中微孔比表面积约占总比表面积的 87.94%～89.92%,小孔、中孔、大孔和裂隙的比表面积约占总比表面积的 10.08%～12.06%。

(3) 研究分析中高阶煤的分形特征。联合门格方程和沃什伯恩方程进行计算分析,由分形维数计算结果可知,中阶煤和高阶煤的微孔分形维数均高于小孔和中孔的分形维数,说明中高阶煤中微孔的粗糙程度均高于小、中孔的孔隙粗糙程度,高阶煤中微孔分形维数高于大孔及裂隙的分形维数,得出高阶煤中微孔对瓦斯的赋存能力最强。

(4) 建立不同煤质外在表征和内在结构的相关关系。将中高阶煤样的吸附脱附回滞环划分为暗淡Ⅰ型煤吸附脱附回滞环、暗淡间亮Ⅱ型煤吸附脱附回滞环、间亮Ⅲ型煤吸附脱附回滞环和光亮Ⅳ型煤吸附脱附回滞环。暗淡Ⅰ型煤孔体积和比表面积属于中等数值范畴,孔径分布图中存在多峰现象,微小孔分形结构评价均为"较粗糙";暗淡间亮Ⅱ型煤孔体积和比表面积属于高数值范畴,在微孔区域和 50 nm 以上小孔区域出现双峰,微孔分形结构评价为"平滑",小孔分形结构评价为"一般";间亮Ⅲ型煤孔体积和比表面积属于低值范畴,孔径分布在微孔和小孔区域出现双峰,2 nm 左右微孔占比较多,微孔分形评价为"较粗糙",小孔分形结构评价为"一般";光亮Ⅳ型煤孔体积和比表面积属于较低数值范畴,孔径分布在小孔区域出现峰值,微孔分形结构评价为"较粗糙",小孔分形结构评价为"较平滑"。

(5) 数理分析瓦斯在中高阶煤孔隙结构中的赋存特征。煤的孔隙结构特征是瓦斯赋存机理分析的研究基础,通过研究发现高阶煤对瓦斯的赋存能力主要取决于微、小孔孔隙结构,中阶煤对瓦斯的赋存能力主要取决于裂隙的体积和结构。通过模型拟合发现基于单分子层吸附原理的朗格缪尔模型实际拟合效果最差,基于微孔填充理论的 D-A 模型实际拟合效果最好,基于多分子层吸附理论的 BET 模型拟合相关系数值居中。在分析基于微孔填充机理与单分子层吸附机理计算造成的误差后,提出瓦斯气体分子在煤中以吸附态存在的赋存应是以微孔填充机理赋存为主,辅以多分子层吸附机理赋存,并存在一定量的单分子层吸附。

(6) 分析研究内在因素对瓦斯突出风险的影响。发现随着煤的灰分含量的增加,煤的吸附体积明显减小;煤对瓦斯的吸附量随煤的挥发分含量的增大而减小;煤对瓦斯的吸附能力随煤中水分的增大而减小;煤的变质程度通过改变煤的微观结构间接影响煤中瓦斯赋存量,在最大镜质组反射率 $R_{o,max}$ 的值在 0.79%~2.97% 范围内,煤对瓦斯的极限吸附量随煤阶的升高而增大。分析得出微孔体积占比和微孔比表面积占比对煤的瓦斯赋存量有重要影响,且以微孔比表面积占比影响更为显著;发现中高阶煤对瓦斯气体分子的赋存能力随微孔分形维数的增大而明显增强。

（7）分析研究外部因素对瓦斯突出风险的影响。分析压力与煤的瓦斯赋存量的关系,发现随压力的增大,煤对瓦斯的吸附能力增强,且中阶煤对瓦斯吸附量的增加值大于同等压力增加下高阶煤对瓦斯吸附量的增加值,煤对瓦斯的极限吸附压力随煤阶的升高而减小;采用变温变压实验分析温度对煤的瓦斯赋存能力的影响,发现随温度的升高,煤对瓦斯的赋存能力下降,温度变化和煤对瓦斯赋存能力的变化呈反向变化关系;分析粒径变化对煤的瓦斯赋存能力的影响,发现随粒径的减小,煤对瓦斯的极限吸附量实现微增,解吸速度实现增加。

（8）数学建模分析内外因素对煤的瓦斯赋存能力的影响度。对数据进行标准化处理后,进行灰色关联分析模型建设,计算各影响子因素与目标母因素之间的关联度,按因素影响度由大到小排序依次为:微孔比表面积占比、粒度、温度、微孔分形、水分含量、固定碳含量、压力、灰分含量、总比表面积、煤阶、挥发分含量。按内因对煤的瓦斯赋存能力影响度由大到小排序依次为:微孔比表面积占比、微孔分形、水分含量、固定碳含量、灰分含量、总比表面积、煤阶、挥发分含量。按外因对煤的瓦斯赋存能力影响度由大到小排序依次为:粒度、温度、压力。

（9）构建煤的瓦斯赋存能力影响因素指标体系,对比分析煤与瓦斯突出风险致因因素指标体系。进行煤的瓦斯赋存能力影响因素指标体系与瓦斯突出风险鉴定指标体系的多源信息融合关联程度分析,得出煤的煤阶、水分、温度、灰分、微孔分形、微孔比表面积、粒度等与常规瓦斯突出鉴定指标的融合关联程度,提出可在常规瓦斯突出风险动态指标基础上,辅以瓦斯赋存静态指标进行综合判定分析,以提高瓦斯突出风险预警的准确性。

（10）采用人工智能的方法构建多层 BP 人工神经网络模型。神经元处理单元能够模仿人类脑细胞工作方式进行独立信号处理,通过构建网络层级、设定学习参数和提供训练模式,使模型具备自主学习训练判识、自动传输工作信号、智能反馈连接权值的智能化特点。

（11）利用指标优化和算法优化得到双重优化后的深度学习型智能预警技术。引入动量因子和最速下降法进行算法优化,发现两种优化算法在突出风险预警系统中联合使用能够避免传统人工神经网络迭代速度慢且有可能不能取得全局最小值反而错取区域最小值的弊端。利用关键影响因素指标对基于瓦斯赋存特征的动量 BP 人工神经网络模型进行指标优化,发现以煤的瓦斯赋存关键影响因素为衡量指标的深度学习型智能预警模型的预警正确率,相比以煤的瓦斯赋存影响因素为衡量指标的同设置模型预警正确率提高了 6.24%。

（12）实践检验深度学习型智能预警技术方法的可行性和实操性。将 30 组煤层样本的瓦斯赋存关键影响因素指标数据输入系统，实现预警正确率为 77.27%。使用瓦斯含量、瓦斯压力、水平地应力和垂直地应力等瓦斯突出风险致因指标数据作为系统输入数据，系统运行结果为预警正确率达 81.82%。程序运行结果证明使用常规瓦斯突出风险鉴定指标的系统与使用煤的瓦斯赋存特征数据的系统具有相近的预警效能。这表明对工作面瓦斯突出风险使用深度学习型智能预警系统进行检测是一种现实可行的技术方法，从预警样本的效果看是行之有效的，为工程实践中智能预警突出风险提供了新的、可靠的技术方法。

6.2　创　新　优　势

1. 系统研究煤的孔隙结构与煤的瓦斯赋存关系

通过实验室试验测算不同变质程度煤的孔径分布、比表面积、孔体积和分形维数，进行煤的微观结构特征参数的定量分析；建立不同煤阶煤的孔隙结构特征之间的关联关系；建立不同煤质外在表征和内在孔隙结构类型的相关关系；首次将栅栏法应用于分形维数的区间评价上，使分形维数应用说明赋存能力时兼具数量化和形象化双重特征。应用单层吸附理论、多层吸附理论和微孔填充理论研究煤的瓦斯极限赋存状态，构建反映煤样瓦斯吸附能力的量化方法，取得瓦斯在煤的不同尺度孔隙结构中的赋存状态特征。

2. 综合分析煤的瓦斯赋存关键影响因素

研究煤的性质因素、瓦斯因素和外部影响因素对煤的瓦斯赋存特性的影响。采用灰色关联分析法对实验条件数据进行逐项变化跟踪对比，分析煤的瓦斯赋存影响因素和煤的瓦斯赋存能力之间的相关关系，将显性相关因素进行重要性排序，剔除非显性影响因素。将影响因素按照煤的内在和外部区分后，按关联程度重要性排序，得到内因和外因的影响度，确定煤的瓦斯赋存特性的主要影响因素和关键影响因素。灰色关联分析法使具有显著小样本贫信息特征的煤的瓦斯赋存影响因素重要性研究成为可能,且兼具客观性和科学性。

3. 创新煤层瓦斯突出风险的深度学习型智能预警技术

采用人工智能的设计方法,以具备自学习、自训练、自纠错特点的 BP 人工神经网络模型为设计基础,构建可使用煤层瓦斯赋存特征参数进行瓦斯突出风险预警的深度学习型智能预警系统,进行煤的瓦斯赋存特征指标与传统突出风险指标的多源信息融合关联分析,明确使用煤的瓦斯赋存数据作为类神经元输入层处理数据的可行性。引入动量因子并采用批量处理方法对预警模型进行算法优化,使用灰色关联方法的关键因素对预警模型进行指标优化,得到双重优化后的深度学习型瓦斯突出风险智能预警系统。使用瓦斯突出风险致因指标数据输入该智能预警系统,得到与输入煤的瓦斯赋存特征指标数据相近的预警正确性,验证了煤的瓦斯赋存特征数据可用于人工智能深度学习型预警系统,并有望成功运用于工程实践中。

6.3　发 展 展 望

本书根据微观孔隙结构特征对煤的瓦斯赋存特征及突出风险预警展开系统研究,在实验测得数据的客观基础上采用数学方法、建模方法和机器算法对赋存特征和风险预警进行定量研究和智能判识,取得了一定科学客观的成果。但研究仍存在可深入分析和细化考核的地方,进一步的科研工作开展可能集中在以下两个方面。

1. 实验方法的局限可进一步突破

由于实验仪器的限制,目前本校和合作单位中未能有满足测得 1.5 nm 以下微孔的详细微观特征的实验仪器设备,最优选择是寻得能够精确测得 0.38 nm 尺寸以下分子结构特征的实验方法,能够准确计算和验证甲烷分子在煤的极微孔孔隙中的赋存状态。在实验条件能够满足的情况下,理论上可计算具体孔隙结构单元中微孔填充甲烷分子数量、单分子层吸附甲烷分子数量和多分子层吸附甲烷分子数量。届时，将能够精确、客观、无误地揭示煤的瓦斯不同赋存方式间的比例关系。

2. 深度学习型智能预警方法的应用可进一步验证、推广

本文中深度学习型 BP 人工神经网络智能预警模型的训练样本数据来源于研究的 4 个样本数据和他人博士论文中采集到的 26 组样本数据，已尽可能搜寻采用相同实验方法的煤样孔隙结构特征数据和煤样瓦斯赋存状态数据。但是，30 个样本容量对于经典人工神经网络模型来说仍然偏少，并且采集来的数据中有些并未明确表明采样煤样在煤层中的具体位置，准确性方面也难免会打折扣。在今后的科研工作中可采集尽可能多的生产实践样本，以进一步训练和提升深度学习型智能预警方法的预警准确性和适用普遍性。

附录1 相对压力与孔径对应表

附表1 相对压力与孔径对应表

P/P_0	孔径 d/nm	P/P_0	孔径 d/nm
0.998	968.7	0.700	7.02
0.997	648.2	0.650	5.96
0.996	487.7	0.600	5.16
0.995	391.3	0.550	4.52
0.994	326.9	0.500	4.00
0.993	280.8	0.450	3.56
0.992	246.2	0.400	3.18
0.991	219.3	0.350	2.86
0.990	197.7	0.300	2.56
0.980	100.3	0.250	2.30
0.970	67.5	0.200	2.05
0.960	51.0	0.150	1.81
0.950	41.1	0.100	1.56
0.940	34.4	0.050	1.29

P/P_0	孔径 d/nm	P/P_0	孔径 d/nm
0.930	29.6	0.010	0.96
0.920	26.0	0.001	0.73
0.910	23.2	0.0001	0.61
0.900	21.0	1×10^{-3}	0.53
0.850	14.1	1×10^{-6}	0.47
0.800	10.6	1×10^{-7}	0.43

附录 2　深度学习型智能预警编程代码

```
Function [data,label]=getdata(xlsfile)
% [data,label]=getdata('coal.xls')
% 从 xls 文档中读取微孔比表面积占比、粒度、温度、微孔分形维数、水分含量以及固定碳
含量影响因素的数值

[~,label]=xlsread(xlsfile,1,'B2:B31');
[micros,~]=xlsread(xlsfile,'C2:C31');
[granularity,~]=xlsread(xlsfile,'D2:D31');
[temperature,~]=xlsread(xlsfile,'E2:E31');
[microf,~]=xlsread(xlsfile,'F2:F31');
[moisture,~]=xlsread(xlsfile,'G2:G31');
[carbon,~]=xlsread(xlsfile,'H2:H31');

data=[micros,granularity,temperature,microf,moisture,carbon];
l=zeros(size(label));
for i=1:length(l)
    if label{i}=='是'
        l(i)=1;
```

```
        end
    end

    label=1;
    function [traind,trainl,testd,testl]=divide(data,label)
    % [data,label]=getdata('coal.xls')
    %[traind,trainl,testd,testl]=divide(data,label)


    %随机数
    %rng(0)
    %是非各取 4 个进行训练
    TRAIN_NUM_M=4;
    TRAIN_NUM_F=4;
    %是非分开
    m_data=data(label==1,:);
    f_data=data(label==0,:);


    NUM_M=length(m_data); % 是的个数


    %是
    r=randperm(NUM_M);
    traind(1:TRAIN_NUM_M,:)=m_data(r(1:TRAIN_NUM_M),:);
    testd(1:NUM_M-TRAIN_NUM_M,:)= m_data(r(TRAIN_NUM_M+1:NUM_M),:);


    NUM_F=length(f_data); % 非的个数


    %非
    r=randperm(NUM_F);
    traind(TRAIN_NUM_M+1:TRAIN_NUM_M+TRAIN_NUM_F,:)=f_data(r(1:
TRAIN_NUM_F),:);
    testd(NUM_M-TRAIN_NUM_M+1:NUM_M-TRAIN_NUM_M+NUM_F-TRAIN_
NUM_F,:)=f_data(r(TRAIN_NUM_F+1:NUM_F),:);
    %赋值
    trainl=zeros(1,TRAIN_NUM_M+TRAIN_NUM_F);
```

```
trainl(1:TRAIN_NUM_M)=1;


testl=zeros(1,NUM_M+NUM_F-TRAIN_NUM_M-TRAIN_NUM_F);
testl(1:NUM_M-TRAIN_NUM_M)=1;
% script：main_batch.m
%批量方式训练 BP 网络,实现重大风险预警


%%清理
clear all
clc
%%读入数据
xlsfile='coal.xls';
[data,label]=getdata(xlsfile);
%%划分数据
[traind,trainl,testd,testl]=divide(data,label);


%%设置参数
rng('default')
rng(0)
nTrainNum = 8；% 8 个训练样本
nSampDim = 6；  % 样本是 6 维的


%%构造网络
net.nIn=6;
net.nHidden = 6;      % 6 个隐藏层节点
net.nOut = 1;       % 一个输出层节点
w = 2 * (rand(net.nHidden,net.nIn)-1/2)；  % nHidden * 11 一行代表一个隐藏层节点
b = 2 * (rand(net.nHidden,1)-1/2);
net.w1 = [w,b];
W = 2 * (rand(net.nOut,net.nHidden)-1/2);
B = 2 * (rand(net.nOut,1)-1/2);
net.w2 = [W,B];


%%训练数据归一化
```

```matlab
mm=mean(traind);
%均值平移
for i=1:6
traind_s(:,i)=traind(:,i)-mm(i);
end
%方差标准化
ml(1) = std(traind_s(:,1));
ml(2) = std(traind_s(:,2));
for i=1:2
traind_s(:,i)=traind_s(:,i)/ml(i);
end


%%训练
SampInEx = [traind_s';ones(1,nTrainNum)];
expectedOut=trainl;


eb = 0.01;% 误差容限
eta = 0.6;                    %学习率
mc = 0.8;                     %动量因子
maxiter = 2000;               % 最大迭代次数
iteration = 0;                %第一代


errRec = zeros(1,maxiter);
outRec = zeros(nTrainNum, maxiter);
NET=[];%记录
%开始迭代
for i = 1 : maxiter
hid_input = net.w1 * SampInEx;      % 隐藏层的输入
hid_out = logsig(hid_input);        % 隐藏层的输出

    ou_input1 = [hid_out;ones(1,nTrainNum)];   % 输出层的输入
    ou_input2 = net.w2 * ou_input1;
out_out = logsig(ou_input2);                   % 输出层的输出
```

```
outRec(:,i) = out_out';                    % 记录每次迭代的输出


    err = expectedOut - out_out;                  % 误差
sse = sumsqr(err);
errRec(i) = sse;                               % 保存误差值
fprintf('第 %d 次迭代   误差：%f\n', i, sse);
    iteration = iteration + 1;
    %判断是否收敛
    if sse<=eb
        break;
    end
    %误差反向传播
    %隐藏层与输出层之间的局部梯度
    DELTA = err. * dlogsig(ou_input2,out_out);
    %输入层与隐藏层之间的局部梯度
    delta = net.w2(:,1:end-1)' * DELTA. * dlogsig(hid_input,hid_out);


% 权值修改量
dWEX = DELTA * ou_input1';
dwex = delta * SampInEx';


    %修改权值,如果不是第一次修改,则使用动量因子
    if i == 1
net.w2 = net.w2 + eta * dWEX;
net.w1 = net.w1 + eta * dwex;
    else
net.w2 = net.w2 + (1 - mc) * eta * dWEX + mc * dWEXOld;
net.w1 = net.w1 + (1 - mc) * eta * dwex + mc * dwexOld;
    end
    %记录上一次的权值修改量
dWEXOld = dWEX;
dwexOld = dwex;


end
```

```
%%测试
%测试数据归一化
for i=1:6
testd_s(:,i)=testd(:,i)-mm(i);
end


for i=1:2
testd_s(:,i)=testd_s(:,i)/ml(i);
end


%计算测试输出
InEx=[testd_s';ones(1,30-nTrainNum)];
hid_input = net.w1 * InEx;
hid_out = logsig(hid_input);        % 隐藏层的输出
ou_input1 = [hid_out;ones(1,30-nTrainNum)];
ou_input2 =net.w2 * ou_input1;
out_out = logsig(ou_input2);
out_out1=out_out;


%取整
out_out(out_out<0.5)=0;
out_out(out_out>=0.5)=1;
%正确率
rate =sum(out_out == testl)/length(out_out);


%%显示
%显示训练样本
train_m = traind(trainl==1,:);
train_m=train_m';
train_f = traind(trainl==0,:);
train_f=train_f';
figure(1)
plot(train_m(1,:),train_m(2,:),'bo');
hold on;
```

```
plot(train_f(1,:),train_f(2,:),'r * ');
xlabel('rank')
ylabel('surface')
title('训练样本分布')
legend('非高风险','有高风险')
figure(2)
axis on
hold on
grid
[nRow,nCol] = size(errRec);
plot(1:nCol,errRec,'LineWidth',1.5);
legend('误差平方和');
xlabel('迭代次数','FontName','Times','FontSize',10);
ylabel('误差')


fprintf(' ------------错误分类表--------\n')
fprintf(' 编号  标签      micros       granularity\n')
ind= find(out_out ~= testl);
for i=1:length(ind)
fprintf(' %4d  %4d  %f  %f \n', ind(i), testl(ind(i)), testd(ind(i),1), testd(ind(i),2));
end
fprintf('最终迭代次数\n      %d\n', iteration);
fprintf('正确率:\n      %f%%\n', rate * 100);
```

参 考 文 献

[1] 能源情报研究中心.中国能源大数据报告(2020):煤炭篇[R].[2020-06-04].

[2] 国家统计局.中华人民共和国2019年国民经济和社会发展统计公报[R/OL].[2020-02-28].http://www.stats.gov.cn/tjsj/zxfb/202002/t20200228_1728913.html.

[3] 袁亮.我国煤炭资源高效回收及节能战略研究[M].北京:科学出版社,2017:80-85.

[4] 国家煤矿安监局.我国煤矿百万吨死亡率达到世界产煤中等发达国家水平[ER/OL].[2019-03-05].

[5] 祁海莹.产煤发达国家生产现状及安全形势分析[J].中国煤炭,2015,41(8):140-143.

[6] Wang J C,WU R L,ZHANG P. Characteristics and applications of gas desorption with excavation disturbances in coal mining[J]. International Journal of Coal Science & Technology,2015,2(1):30-37.

[7] 国家煤矿安监局.煤矿百万吨死亡率创新低[EB/OL].[2020-01-15].

[8] 国家发展改革委,国家能源局,国家煤矿安监局,等.关于印发《关于加快煤矿智能化发展的指导意见》的通知[EB/OL].[2020-02-25].

[9] 谢克昌.煤的结构与反应性[M].北京:科学出版社,2002:3-8.

[10] 聂百胜,伦嘉云,王科迪,等.煤储层纳米孔隙结构及其瓦斯扩散特征[J].地球科学,2018,43(5):1755-1762.

[11] 宋晓夏,唐跃刚,李伟,等.基于显微CT的构造煤渗流孔精细表征[J].煤炭学报,2013,38(3):435-440.

[12] CHENG Y P,PAN Z J. Reservoir properties of Chinese tectonic coal:a review[J].

Fuel,2020,260:116350.

[13] LIANG Y T, WANG S G, JIANG S, et al. Analysis of mesoscale in coal spontaneous combustion: from macro-model of representative elementary volume scale to micromodel of pore scale[J]. Journal of China Coal Society,2019,44(4): 1138-1146.

[14] ROUQUEROL F. 粉体与多孔固体材料的吸附:原理、方法及应用[M]. 陈建,译. 北京:化学工业出版社,2020:5-9.

[15] HAN Y,ZHANG F Y,LIU X,et al. Numerical simulation of instability and failure types of coalbed borehole based on Hoek-Brown criterion[J]. Journal of China Coal Society,2020,45(S1):308-318.

[16] 李立功,张晓雨,李超,等.考虑孔径分布的低渗透煤层气体渗透率计算模型[J]. 煤炭学报,2019,44(4):1161-1168.

[17] HODOT B B. Outburst of coal and coalbed gas(Chinese translation)[M]. Beijing: China Industry Press,1966:310-318.

[18] QIN X L. Study on response law of coal pore structure and permeability affectedby different time of acidification[J]. Safety in Coal Mines, 2020, 51(12):18-22.

[19] 秦勇,徐志伟,张井.高煤级煤孔径结构的自然分类及其应用[J].煤炭学报,1995 (3):266-271.

[20] 杨正红.物理吸附 100 问[M].北京:化学工业出版社,2017:8-20.

[21] CAI Y D,LIU D M,PAN Z J, et al. Investigating the effects of seepage-pores and fractures on coal permeability by fractal analysis[J]. Transport in Porous Media, 2016,111(2):479-485.

[22] 傅雪海,秦勇,薛秀谦,等.煤储层孔、裂隙系统分形研究[J].中国矿业大学学报, 2001(3):11-14.

[23] PENG C,ZOU C C,YANG Y Q, et al. Fractal analysis of high rank coal from southeast Qinshui basin by using gas adsorption and mercury porosimetry[J]. Journal of Petroleum Science and Engineering, 2017(156):235-249.

[24] 徐欣,徐书奇,邢悦明,等.煤岩孔隙结构分形特征表征方法研究[J].煤矿安全, 2018,49(3):148-150.

[25] ZHOU W, GAO K, XUE S, et al. Experimental study of the effects of gas adsorption on the mechanical properties of coal[J]. Fuel,2020,281:118745.

[26] 龙海雯.中国能源价格改革与绿色经济发展研究[D].昆明:云南大学,2018: 10-19.

[27] WANG L,SUN Y M,CHU P, et al. Study on accuracy of coal seam gas pressure measurement based on its spatial and temporal distribution characteristics[J]. China Safety Science Journal,2021,31(2):40-47.

[28] LIM T K,LA Y J, JEON O S,et al. Pore structure analysis to adsorb NO_x gas based on porous materials[J]. Journal of the Korean Physical Society,2020,77(9): 790-796.

[29] 近藤精一,石川达雄,安部郁夫.吸附科学[M].北京:化学工业出版社,2006.

[30] 王泽浩,郑青榕,朱子文,等.甲烷在碳基材料和 MOFs 上极低压力下的吸附平衡[J].天然气化工(C1 化学与化工),2018,43(5):15-20.

[31] 许端平,冯雨鑫,王道涵,等.不同粒级黑土胶体对铅的等温吸附特征[J].环境工程学报,2014,8(11):5015-5021.

[32] GAO Z, LI B B, LI J H, et al. Study on the adsorption and thermodynamic characteristicsof methane under high temperature and pressure[J]. Energy & Fuels, 2020(34):15878-15893.

[33] YEFREMOVA S, TERLIKBAYEVA A, ZHARMENOV A, et al. Coke-based carbon sorbent: results of gold extraction in laboratory and pilot tests [J]. Minerals,2020,10(6):508.

[34] LIU Q,LIU B S,LIU Q Z,et al. Probing mesoporous character, desulfurization capability and kinetic mechanism of synergistic stabilizing sorbent $Ca_xCu_yMn_zO_i$/MAS-9 in hot coal gas[J]. Journal of Colloid and Interface Science,2021,587:743-754.

[35] MIAO Z Y,PEI Z,GAO M Q,et al. Exploring a new way to generate mesopores in lignite by employing steam explosion[J]. Energy Sources, Part A: Recovery, Utilization & Environmental Effects,2021,43(5):600-610.

[36] YUAN J H,ZHANG H,GUO Y L,et al. Thermodynamic properties of high-rank tectonically deformed coals during isothermal adsorption[J]. Arabian Journal of Geosciences,2017,10(13):278.

[37] LIU H P, FENG S Y, ZHANG S Q, et al. Analysis of the pore structure of Longkou oil shale semicoke during fluidized bed combustion[J]. Oil Shale,2020,37(2):89-103.

[38] Bahah S,NACEF S,CHEBLI D,et al. Study and elucidation of fractal dimension in anionic and cationic clays: relationship between fractal dimensions to the amount adsorbed and pore size[J]. Advanced Engineering Forum,2018,4907:25-42.

[39] YANG Q,SUN P Z,FUMAGALLI L,et al. Capillary condensation under atomic-scale confinement[J]. Nature,2020,588(7837):250-253.

[40] 周世宁,林柏泉.煤矿瓦斯动力灾害防治理论及控制技术[M].北京:科学出版社,2007:34-165.

[41] 洪林,高大猛,王继仁,等.低温低压下煤微孔吸附特性研究[J].中国安全科学学报,2018,28(12):77-82.

[42] 杨鑫,张俊英,王公达,等.瓦斯压力对瓦斯在煤中扩散影响的实验研究[J].中国矿业大学学报,2019(5):503-519.

[43] 程远平,胡彪.微孔填充:煤中甲烷的主要赋存形式[J].煤炭学报,2020(10):1-14.

[44] XUE S,ZHENG C S,KIZIL M,et al. Coal permeability models for enhancing performance of clean gas drainage:A review[J]. Journal of Petroleum Science and Engineering,2021,199:108283.

[45] 高雷阜.煤与瓦斯突出的混沌动力系统动力系统演化规律研究[D].阜新:辽宁工程技术大学,2006:3-15.

[46] PAN X K,CHENG H,CHEN J,et al. An experimental study of the mechanism of coal and gas outbursts in the tectonic regions[J]. Engineering Geology,2020,279:105883.

[47] YANG L,CHENG Y P,REN T,et al. The energy principle of coal and gas outbursts:experimentally evaluating the role of gas desorption[J]. Rock Mechanics and Rock Engineering,2020,54:1-20.

[48] 张庆贺.煤与瓦斯突出能量分析及其物理模拟的相似性研究[D].济南:山东大学,2017.

[49] 李希建,林柏泉.煤与瓦斯突出机理研究现状及分析[J].煤田地质与勘探,2010,2:7-13.

[50] 杨力.基于小样本数据的矿井瓦斯突出风险评价[D].合肥:中国科学技术大学,2011:23-60.

[51] 陈中汉.基于关联规则与智能算法的煤与瓦斯突出危险性评价研究[D].徐州:中国矿业大学,2019:19-72.

[52] LIU H B,DONG Y J,WANG F Z,et al. Gas outburst prediction model using improved entropy weight grey correlation analysis and IPSO-LSSVM[J]. Mathematical Problems in Engineering,2020,2020.

[53] RU Y D,LV X F,GUO J K,et al. Real-time prediction model of coal and gas outburst[J]. Mathematical Problems in Engineering,2020,2020.

[54] 全国煤炭标准化技术委员会. 煤的镜质体反射率显微镜测定方法:GB/T 6948—2008[S]. 北京:中国标准出版社,2008.

[55] 全国煤炭标准化技术委员会. 煤的工业分析方法:GB/T 212—2008[S]. 北京:中国标准出版社,2009:04.

[56] 李阳,张一贵,张浪,等. 基于压汞、低温 N_2 吸附和 CO_2 吸附的构造煤孔隙结构表征[J]. 煤炭学报,2019,44(4):1188-1196.

[57] 路艳军. 煤岩体积压裂机理研究[D]. 成都:西南石油大学,2015:22-24.

[58] 中华人民共和国国家质量监督检验检疫总局,中国国家标准化管理委员会. 气体吸附 BET 法测定固态物质比表面积:GB/T 19587—2017[S]. 北京:中国标准出版社,2017:1-14.

[59] 邹艳荣,杨起. 煤中的孔隙与裂隙[J]. 中国煤田地质,1998,10(12):46-48.

[60] 杨正红. 物理吸附 100 问[M]. 北京:化学工业出版社,2017:50.

[61] THOMMES M. Physisorption of gases, with special reference to the evaluation of surface area and pore size distribution (IUPAC technical report)[J]. Chemistry International The News Magazine of IUPAC,2016,38(1):25.

[62] 周三栋,刘大锰,蔡益栋,等. 低阶煤吸附孔特征及分形表征[J]. 石油与天然气地质,2018,39(2):373-383.

[63] 赵振国. 吸附作用应用原理[M]. 北京:化学工业出版社,2005:136-137.

[64] CAI Y D,LIU D M,PAN Z J, et al. Investigating the effects of seepage-pores and fractures on coal permeability by fractal analysis[J]. Transport in Porous Media,2016,111(2):485-497.

[65] 尚建华,刘会虎,桑树勋,等. 沁水盆地南部高阶煤储层渗透率与孔裂隙发育的耦合分析[J]. 煤矿安全,2020,51(6):184-190.

[66] 李子文. 低阶煤的微观结构特征及其对瓦斯吸附解吸的控制机理研究[D]. 徐州:中国矿业大学,2015:7.

[67] LIU Y W, ZHANG X M, MIAO J. Study on evolution of pore structure of medium and high rank coals[J]. Safety in Coal Mines, 2020, 51(11):7-13.

[68] ZHANG S F,LI Y G,QIN X L. Pore fractal characteristic of coal reservoirs in Qinshui Basin and its influence on methane adsorption property[J]. Coal Science and Technology,2019,47(3):163-167.

[69] 吉小峰. 煤中纳米孔隙发育特征及其对气体运移的控制机理研究[D]. 焦作:河南理工大学,2018:2-10.

[70] 杨正红. 物理吸附 100 问[M]. 北京:化学工业出版社,2017:10.

[71] 王飞.煤的吸附解吸动力学特性及其在瓦斯参数快速测定中的应用[D].徐州：中国矿业大学,2016:113-115.

[72] MURASE M,OHTA R. Prediction of molecular affinity on solid surfaces via three-dimensional solubility parameters using interfacial free energy as interaction threshold[J]. The Journal of Physical Chemistry C,2019,123(21):13246-13252.

[73] 张群,桑树勋.煤层吸附特征及储气原理[M].北京:科学出版社.2013:9.

[74] 李海鉴.煤吸附瓦斯的热效应研究[D].徐州:中国矿业大学,2019:18-44.

[75] CLARKSON C R,BUSTIN R M,LEVY J H. Application of the mono/multilayer and adsorption potential theories to coal methane adsorption isotherms at elevated temperature and pressure[J]. Carbon,1997,35(12):1689-1705.

[76] 朱庆忠,孟召平,黄平,等.沁南－夏店区块煤储层等温吸附特征及含气量预测[J].煤田地质与勘探,2016.44(4):69-72.

[77] 陈结,潘孝康,姜德义,等.三轴应力下软煤和硬煤对不同气体的吸附变形特[J].煤炭学报,2018,43：149-157.

[78] 李树刚,赵波,赵鹏翔,等.煤岩瓦斯固气耦合相似材料瓦斯吸附特性研究[J].采矿与安全工程学报,2019(5):634-642.

[79] 吕乾龙,刘伟,宋奕澎,等.无烟煤对 CO_2 和 CH_4 的吸附解吸特性研究[J].煤矿安全,2019(5):27-30.

[80] FU H J,TANG D Z,XU,et al. Characteristics of pore structure and fractal dimension of low-rank coal:a case study of Lower Jurassic Xishanyao coal in the southern Junggar Basin, NW China[J]. Fuel,2017,193:254-264.

[81] WEI Q,LI X Q,ZHANG J Z. Full-size pore structure characterization of deep-buried coals and its impact on methane adsorption capacity:a case study of the Shihezi Formation coals from the Panji Deep Area in Huainan Coalfield, Southern North China[J]. Journal of Petroleum Science and Engineering, 2019, 173:975-989.

[82] WU Y W,PAN J N. Isothermal adsorption model of coalbed methane[J]. Journal of China Coal Society,2017,42(S2):452-458.

[83] DU Z G, HUANG Q,GUO J, et al. The occurrence of nano- and micro-scale pores and their controls on the selective migration of gases in the coals of different ranks [J]. Fuel,2020,264:116748.

[84] 宋昱,姜波,李明,等.低中煤级构造煤超临界甲烷吸附特性及吸附模型适用性[J].煤炭学报,2017(8):2063-2073.

[85] 王晖,孙龙.不同温度条件下煤层气等温吸附试验研究[J].山西煤炭,2018(4): 71-75.

[86] AN F H,CHENG Y P,WANG L,et al. A numerical model for outburst including the effect of adsorbed gas on coal deformation and mechanical properties[J]. Computers and Geotechnics,2013,54:222-231.

[87] 孙丽娟.不同煤阶软硬煤的吸附—解吸规律及应用[J].北京:中国矿业大学, 2013:116.

[88] YAO Y B, LIU D M, TANG D Z, et al. Fractal characterization of adsorption-pores of coals from North China: an investigation on CH_4 adsorption capacity of coals [J]. International Journal of Coal Geology, 2008, 73(1): 27-42.

[89] 张群,崔永君,钟玲文.煤吸附甲烷的温度-压力综合吸附模型[J].煤炭学报,2008, 11(33):1272-1278.

[90] WANG Y, ZHU Y M, LIU S M, et al. Pore characterization and its impact on methane adsorption capacity for organic-rich marine shales [J]. Fuel, 2016, 181: 227-37.

[91] 魏迎春,项歆璇,王安民,等.不同矿化度水对煤储层吸附性能的影响[J].煤炭学报,2019,44(9):2833-2839.

[92] CROSDALE P J, BEAMISH B B, VALIX M. Coalbed methane sorption related to coal composition [J]. International Journal of Coal Geology, 1998, 35(1/2/3/4): 147-158.

[93] 刘志祥,冯增朝.煤体对瓦斯吸附热的理论研究[J].煤炭学报,2012(4):647-653.

[94] ORTIZ L, KUCHTA B, FIRLEJ L, et al. Methane adsorption in nanoporous carbon: the numerical estimation of optimal storage conditions [J]. Materials Research Express, 2016, 3(5): 055011.

[95] 郭海军.煤的双重孔隙结构等效特征及对其力学和渗透特性的影响机制[D].徐州:中国矿业大学,2017:1-5.

[96] 刘鹏.双重孔隙煤体瓦斯多尺度流动机理及数值模拟[D].徐州:中国矿业大学, 2018:53-75.

[97] 郭畅.割缝煤体瓦斯-水两相作用机制及耦合渗流特性研究[D].徐州:中国矿业大学,2019:12-27.

[98] 国家安全生产监督管理总局.防治煤与瓦斯突出规定[S].北京:劳动保护,2009, 8:1-11.

[99] LI B, LI J H, YANG K, et al. Coal permeability model and evolution law considering water influence[J]. Journal of China Coal Society,2019,44(11)：3396-3403.

[100] 钟玲文.煤的吸附性能及影响因素[J].中国地质大学学报,2004,5：327-368.

[101] 孙东玲.防治煤与瓦斯突出细则解读[M].北京：煤炭工业出版社,2019：3-8.

[102] 胡千庭,赵旭生.中国煤与瓦斯突出事故现状及其预防的对策建议[J].矿业安全与环保,2012,10：1-6.

[103] 李子文,林柏泉,郝志勇,等.煤体孔径分布特征及其对瓦斯吸附的影响[J].中国矿业大学学报,2013,11：1047-1053.

[104] 王云刚,周辰,李辉,等.基于熵权灰色关联法的煤与瓦斯突出主控因素分析[J].安全与环境学报,2016,12：5-9.

[105] 唐一博,袁亮,薛俊华,等.基于物理模拟的煤与瓦斯突出主控因素及能量演化过程[J].煤矿安全,2017,11：1-8.

[106] 张永强,韩志雄,薛海军.西南典型矿区煤等温吸附/解吸影响因素研究[J].煤炭工程,2019,6：18-23.

[107] ZHANG Y C, FU H H, WANG F J, et al. Influence of pore structure of coal-based activated carbon on separation of low-concentration gas[J]. Safety in Coal Mines, 2020, 51(12)：23-26.

[108] 邓聚龙.灰理论基础[M].武汉：华中科技大学出版社,2002：6-18.

[109] 于海云,杨力.基于灰色关联与SVM模型下的煤矿通风系统评价方法[J].煤矿安全,2013,1：181-184.

[110] 金留青,霍梦颖,马平华,等.黔西地区高煤阶煤岩吸附特征及控制因素研究[J].重庆科技学院学报(自然科学版),2017,10：1-6.

[111] CAI F, LIU Z G, LIN B Q. Numerical simulation and experiment analysis of improving permeability by deep-hole presplitting explosion in high gassy and low permeability coal seam[J]. Journal of Coal Science and Engineering (China),2009,15(2)：175-180.

[112] CHENG Y P,ZHOU H X. Research progress of sensitive index and critical values for coal and gas outburst prediction[J]. Coal Science and Technology,2021,49(1)：146-154.

[113] Tan T J, Yang Z, Chang F, et al. Prediction of the first weighting from the working face roof in a coal mine based on a GA-BP neural network[J]. Applied Sciences, 2019,9(19)：4159.

[114] 臧子婧,吴海波,丁海,等.基于优选地震属性与 PSO-BP 模型的煤层含气量预测[J].物探与化探,2020,44(6):1381-1386.

[115] WANG Q X, WU P Z, LIAN J L. SOC estimation algorithm of power lithium battery based on AFSA-BP neural network[J]. The Journal of Engineering, 2020(13): 535-539.

[116] 王秀清,陈琪,杨世凤.基于自适应布谷鸟与反向传播协同搜索的病害识别系统[J].天津科技大学学报, 2020,35(02):69-73.

[117] 陈中汉.基于关联规则与智能算法的煤与瓦斯突出危险性评价研究[D].北京:中国矿业大学(北京),2019:58-83.

[118] 孙加荣,李振林,刘国栋.淮南潘三矿煤与瓦斯突出危险性区域预测[J].山西煤炭,2016,36(5):62-65.

[119] 汤志鹏.潘三矿 11-2 煤甲烷吸附/解吸特征研究[D].淮南:安徽理工大学,2019:31-57.

[120] 刘兵昌.潘集深部煤层瓦斯解吸特征及影响因素分析[D].淮南:安徽理工大学,2014:42-49.

[121] 刘高峰.高温高压三相介质煤吸附瓦斯机理与吸附模型[D].焦作:河南理工大学,2011:16-118.

[122] 王飞.煤的吸附解吸动力学特性及其在瓦斯参数快速测定中的应用[D].徐州:中国矿业大学,2016:11-48.

[123] 李子文.低阶煤的微观结构特征及其对瓦斯吸附解吸的控制机理研究[D].徐州:中国矿业大学,2015:18-87.

[124] 任建刚.华北中南部中高煤级构造煤瓦斯扩散规律及控制机理研究[D].焦作:河南理工大学,2016:33-102.

[125] 汪勇,李好,王静.考虑数据分布特征的多属性数据完备化方法研究[J].统计与决策,2020,36(24):15-19.

[126] 孙明瑞.基于特征关联的特征识别与推荐算法研究[D].哈尔滨:哈尔滨工业大学,2019:20-97.